# 别太着急啦

―― 急がない練習 ――

[日] 名取芳彦 —— 著

佟凡 —— 译

中国科学技术出版社

·北京·

*Jinsei wo Motto Kaitekinisuru Isoganai Renshu* (c) Natori Hogen
Originally published in Japan in 2022 by Daiwa Shobo Co., Ltd.
Simplified Chinese translation rights arranged with Daiwa Shobo Co., Ltd.
through Shanghai To-Asia Culture Communication Co., Ltd.
北京市版权局著作权合同登记 图字：01-2023-5183。

**图书在版编目（CIP）数据**

别太着急啦 /（日）名取芳彦著；佟凡译 . — 北京：中国科学技术出版社，2024.4
ISBN 978-7-5236-0420-5

Ⅰ.①别… Ⅱ.①名… ②佟… Ⅲ.①人生哲学—通俗读物 Ⅳ.① B821-49

中国国家版本馆 CIP 数据核字（2024）第 039801 号

| 策划编辑 | 申永刚 | 执行编辑 | 赵 嵘 |
|---|---|---|---|
| 责任编辑 | 刘 畅 | 版式设计 | 蚂蚁设计 |
| 封面设计 | 东合社·安宁 | 责任印制 | 李晓霖 |
| 责任校对 | 吕传新 | | |

| 出 版 | 中国科学技术出版社 |
|---|---|
| 发 行 | 中国科学技术出版社有限公司发行部 |
| 地 址 | 北京市海淀区中关村南大街 16 号 |
| 邮 编 | 100081 |
| 发行电话 | 010-62173865 |
| 传 真 | 010-62173081 |
| 网 址 | http://www.cspbooks.com.cn |

| 开 本 | 880mm×1230mm 1/32 |
|---|---|
| 字 数 | 89 千字 |
| 印 张 | 6.5 |
| 版 次 | 2024 年 4 月第 1 版 |
| 印 次 | 2024 年 4 月第 1 次印刷 |
| 印 刷 | 北京盛通印刷股份有限公司 |
| 书 号 | ISBN 978-7-5236-0420-5 / b·159 |
| 定 价 | 49.90 元 |

（凡购买本社图书，如有缺页、倒页、脱页者，本社发行部负责调换）

# 序
## 不着急也没关系

当今社会很重视效率。

人们都希望尽可能减少时间和劳动力的浪费。

只要不浪费时间和劳动力,就能腾出时间做更多的事情,从而提高效率。尽早完成一份工作,就能用剩下的时间去做其他事情,这是一种很有吸引力的思考方式,甚至由此形成了一股巨大的潮流"时间就是金钱"。

在我们的日常生活中也有类似的情况。

为了抢到难以抢到手的演唱会门票,不少人早早坐在电脑前,或者拿好手机,进入"战斗模式",等待发售时间。

新品发售的日子里,也有人在商店门口彻夜排队,只为确保能够及时买到新品。

就连超市促销都会有人争先恐后地抢购。

因为动作快的人不会错过时机。

曾经有对这种生活方式坚信不疑的人对我这个和尚说:"虽然你没有头发,但是俗话说'机会之神只有刘海',据说即使追上机会之神也会因为后部区域没有头发而错过。"

我平静地回答:"说什么呢,就算错过了一次机会,还会有其他机会不断到来,因此不用着急。"

**★抛弃"必须抓紧时间"的想法,人生会变得简单**

如果被必须抓紧时间的想法困住,就会对悠闲的生活产生罪恶感。无论何时,面对事情都保持紧张状态,会让人疲惫不堪。

还有人为了提高效率,通过与其他人做比较来评价自己。就算你认为自己比另一个人温柔,但是你是否真的温柔,又是另一回事。

有的人会因为担心浪费时间、担心事情进展不顺利、担心失败而无法下定决心,有人会讨厌这样的自己。

## 序　不着急也没关系

有人因为着急而疲劳，陷入没有答案的迷宫，不知道真正的自己究竟想做什么，真正的自己究竟是什么样子的。

会产生类似烦恼和焦虑的人，或多或少是被越快越好、要抓紧时间的价值观所束缚了。

被束缚就会不自由，因此我认为尽早摆脱束缚，过上不会过分消耗身体和精神的生活才是更好的选择。

这是一本告诉大家凡事不用太着急的书，却又在说"要尽早摆脱抓紧时间的想法"，似乎是一种矛盾的表现。

但是，面对希望无论何时，发生何事都能保持内心平静的人，我想给这类人传递的是"要想保持内心平静，就应该尽早摆脱痛苦（负面或者消极的情感）"的思想。

因为当一个人在焦急或者感到被催促时，内心无法保持平静，所以要尽快摆脱心中的烦恼和焦虑。

★放松身体，让人松一口气的思考方式

其实我和追求效率的人一样，曾经以"尝试同时做几件事情"为座右铭。

因此在创作本书时,我比平时更注意观察形形色色的人,努力想象所有人背后发生的各种各样的故事。

正因如此,我从中发现并且领悟到了一些道理。

比如:

- 很多事情无论急不急着做,都不会出大问题。
- 人生处处都在绕路、兜圈子。
- 大器晚成也很好。
- 直到生命的最后一刻,人也要好好生活。
- 所谓无聊的时间,就是什么都可以做的时间。
- 只要说的是实话,就不需要记住自己说过的话。[①]

……

只要意识到这些事情,我们就能多一份从容,比平时更加温柔地对待自己和他人。除此之外,我还有很多

---

① 作者是指当我们坦率地说出真相时,就不需要记住自己说过的话,因为我们没有撒谎或隐瞒事实。——编者注

## 序　不着急也没关系

感悟，并且将精华部分都写进了本书。

本书以人生智慧为基石，列举了许多具体事例，写给那些无奈陷入匆忙生活的人，因为被催促而倍感压力的人，想消除心中的焦虑、更加畅快地生活的人。

在追求效率的社会中，不仅是太着急了，攀比、执着、重视结果的风潮同样会催生出各种各样的"苦"。因此本书的内容会涉及从日常生活到人际关系的各个方面。

书中写到，做原本做不到的事情叫作练习（做能做到的事情就是休闲）。

请你和我一起开始做不着急的练习吧。

人们常说日本东京平民区有很多急性子、干劲足的人。本书就出自住在东京平民区的一位住持之手。如果本书能够让你感到心情舒畅，或者让急性子的人产生共鸣并帮到他们，我将倍感荣幸。

东京都 江户川区　密藏院　住持

名取芳彦

# 目录

## 第1章 催促你的不是别人，而是你自己 … 001

摆脱"必须抓紧时间""必须做好"的恐惧情绪 … 007

在想做的事情上拼命努力 … 011

站在十年的时间跨度上思考问题 … 015

受外界干扰时请谨慎选择 … 019

适可而止的做法才是最好的 … 023

最好的时机总是现在 … 027

本末倒置的困境 … 031

人生的定制与配合：在成长过程中寻找自我独特之处 … 035

珍惜当下：缘的交错和聚集的瞬间 … 039

## 第 2 章　不要为小事烦恼 … 043

给他人添麻烦其实很重要 … 045

犯错带来的意外惊喜 … 049

无须与合不来的人走太近 … 052

问题即机遇 … 057

稍微敷衍一点儿也没关系 … 061

追求内心平静的人生契机 … 065

摆脱比较的枷锁 … 069

总会有办法，别担心 … 073

## 第 3 章　如果你不由自主地焦躁 … 077

放弃"应该"，世界更宽广 … 079

做事的艺术 … 082

热情与冷静的交织策略 … 086

真正去想他人所想 … 090

忍不住感到焦躁的根本原因 … 094

目录

接受失败、宽容他人的智慧洞见 … 098

保持自己的节奏，从容生活 … 102

像搭乐高玩具一样做事 … 106

配合节奏的艺术之舞 … 111

将身边的缘全部为己所用的秘诀 … 115

## 第 4 章　有时候需要释然 … 119

更加淡然地面对他人和自己 … 121

未知的旅程：勇敢应对生活中变幻的风景 … 126

跳下"烦恼旋转木马"的方法 … 130

重要的是哪怕花时间，也要自己做决定 … 134

学会舍弃，学会豁达 … 138

空海的处方笺：给无法适应目前所处环境的人 … 141

撒下失败的种子，孕育成长的果实 … 145

缘起三年，情绪转变 … 149

摆脱内心的纠葛 … 153

## 第 5 章　不一定非要黑白分明 … 157

让每天都不后悔的小窍门 … 159

机会只会留给有准备的人 … 163

一切都在变化——不要执着于自己的风格 … 167

自由地挣扎：处于钟摆式摇摆中的个体与集体 … 172

没有明确目标的行为会让日常生活变得更加多彩 … 176

听到让你不爽的话时，用一句玩笑击退 … 180

变成能活跃气氛的天才吧 … 184

乍一看绕道的路也能通往幸福 … 188

能活到现在，你做得很好 … 192

# 第1章

## 催促你的不是别人，而是你自己

## 第1章 催促你的不是别人，而是你自己

心地善良的人非常害怕给别人添麻烦，无论做什么，都要先想一想会不会给对方添麻烦。

我一般不会太在意，会带着"麻烦别人到这种程度应该不要紧，没事没事"的想法趁热打铁。不过心地善良的人却会小心谨慎地行动，避免给别人添麻烦。

因此，他们基本不会给别人添麻烦，还会因为没有给别人添麻烦而松一口气。在身边的人眼中，心地善良的人通常是好人。

因为这种处事方式不会出错，所以心地善良的人在行动前会过度思考这样做会不会给别人添麻烦，并且认为在做事时检查自己有没有给别人添麻烦的行事方式没有错。我感觉现实中有很多这种类型的"好人"。

★只要加一句话就好

然而，麻不麻烦是由别人判定的，而不是由我们自

己判定的。就算我们认为不麻烦,事后也可能听到"那个人好像给别人添麻烦了"的传言。

反过来说,可能我们认为一件事很麻烦,对方却满不在乎,完全不认为这件事很麻烦。

因此总是担心会给别人添麻烦的人要认清一个事实,那就是麻不麻烦是由对方来判定的,自己对给别人添麻烦的程度判断准确度有限。

从我的经验来看,担心给别人添麻烦的心地善良的人只要在说话前加一句"可能会给您添麻烦"或者问一句"会不会给您添麻烦",基本上就不用再担心了。

### ★幸福与否由自己决定

另外,有时别人会对我们说"你很幸福"。虽然这句话是为了让感觉不到自身幸福的人从另一个角度看事情,明白自己是幸福的,但与"麻烦"相反,"幸福"与否是由当事人自己判定的。只要你认为自己幸福,那么你就是幸福的;只要你认为自己不幸,那么你就是不幸的。

实际上，有人对我说过："有很多和尚只靠寺庙里的工作没办法生活，需要兼职做其他工作，而你只靠寺庙里的工作就能生活，所以你是幸福的。你最好减少写作和演讲之类的活动，更谦虚地专注于寺庙的工作。"

我本来就认为自己是受到眷顾的人，是幸福的人，可是如果我专注于寺庙里的工作，就没办法让更多的人了解让人内心平静的思维方式了。

于是我在40多岁时为自己写下了一句格言："**麻不麻烦由对方判定，幸不幸福由自己决定。**"

### ★我们都比自己想象中更幸福

在刚刚迈入花甲之年时，我看到了一句名言："将自己的不幸归结于他人的人，不会原谅让自己不幸的人。因为一旦原谅，他们就没办法解释自己的不幸。"我对此深以为然。

虽然幸与不幸是自己能够决定的事，但不愿意脱离不幸的人会始终将自己的不幸归因于某个人（或者某件事）。

只要把责任推给别人，就能心安理得。如果原谅了造成自己不幸的某个人，就会失去诉说自己不幸的借口，且必须承认自己并非不幸。

**换句话说，或许是因为某些人没有勇气承认"我不像我自己想象中那么不幸"，所以始终将造成不幸的原因推给其他人和事。**

如果你觉得有人在催你，觉得自己总在被追赶，请试着想一想，催促你的或许不是别人，而是你自己。

如果你对悠闲度日产生罪恶感，那么或许正是你自己花时间把自己培养成了那个催促自己的人。

因此，无论要抓紧时间还是悠闲度日，都是你自己可以决定的。

→按照自己的节奏做决定。

### 第1章　催促你的不是别人，而是你自己

## 摆脱"必须抓紧时间""必须做好"的恐惧情绪

"诸行无常，是生灭法，生灭灭已，寂灭为乐"，其含义为"所有被创造出来的事物都无法保持不变的状态，也就是凡生者必灭。当我们不被或生或灭所困时，内心就能保持平静和安宁，并且保持愉快的心情"。

日语中有一段解释这4句偈语的《伊吕波歌》①：

色は匂へど 散りぬるを

我が世谁ぞ 常ならむ

---

① 《伊吕波歌》是由日语中47个不同的假名按照"七五调"的音节构成形式组成的一首和歌，一共4句，假名不重复且没有遗漏。这首《伊吕波歌》的大意是：花虽香，终会谢。世上有谁能常在？凡尘山，今日越。俗梦已醒醉亦散。——译者注

有为の奥山 今日越えて

浅き梦见じ 酔ひもせず

这首歌的大意很好理解,当把这首歌套用在自己身上时,如何理解第三句中的"有为[①]"就非常重要。

我们在社会中有很多不得不做的事情。吃饭、打扫、洗衣、学习、工作、把自己的想法告诉别人等,数都数不清。有时候只是做完应该做的事情就会感到筋疲力尽,这就是我们所在的俗世。

有为也可以写作"有畏"。若从另一个角度看待这个有很多不得不做的事情的俗世,可以将它当成一个不得不小心行事的世界。不吃饭就没精神,甚至会死;不打扫、不洗衣就可能会因为不洁而生病,也可能会遭人厌恶;不学习就没办法做想做的工作;不工作就无法生活;不把自己的想法告诉别人就无法得到理解和与他人产生共鸣……不做这些就会出大事,以恐惧为基础的世界同

---

① 有为:有所作为,在这里引申为俗世,凡尘。——译者注

样是有畏的世界。

**★不安感源自何处?**

我有几个朋友认为"做事必须抓紧时间""必须认真仔细地做事"。

既然他们都提到了"必须",恐怕他们心中都感到恐惧,认为不紧不慢地做事会导致糟糕的结果,不认真就会遇到可怕的事,并陷入不可挽回的境地。

小时候,父母会毫无根据地说"必须抓紧时间""必须认真做事"之类的道理,而我们会囫囵吞枣地接受这些规则。实际上,我们真的看到过很多磨磨蹭蹭、做事拖延、不认真的人遭遇失败或者失态。所以我们会认为父母说的话是正确的,与此同时,无法做到这些事情的恐惧感深深扎根在心底。

可是,"必须抓紧时间""必须认真做事"的思考方式会让我们因为感到恐惧而绷紧神经,所以这种生存方式本身会让人感到非常拘束。

另外,所谓"不得不做"是由自己判定的,与违反就要接受惩罚的"律"不同。"戒"是自己想要遵守并努力达成的目标,不是"必须做"的事情,而是一种更宽松的束缚。比如,一件事能做到的话更好,做不到也不会受到惩罚。

你也可以选择更从容的思考方式,比如"能做到的话最好快一些做""能做的话最好认真做",确保自己能不动声色地摆脱恐惧的情绪。

→成为具有钝感力的人。

第1章　催促你的不是别人，而是你自己

## 在想做的事情上拼命努力

我们从小时候开始就一次次被要求努力。可是如果对一件事情没有兴趣，就算被要求努力也没办法做到。如果一件事在做的过程中能感受到乐趣和充实感，我们就能投入其中。

从 1970 年到 1990 年的 20 年，高见 Noppo 在日本放送协会（NHK）播放的少儿节目《你能做到吗》中扮演 Noppo 先生，在节目里他一句台词也没有，但在节目停播后的采访中他曾经提道："不仅要做能力范围内的事，还要在想做的事上拼命努力。"我认为这是一句至理名言。

我们在做事时害怕失败（追求安心、安稳、安全），倾向于优先选择做能力范围内的事情，其实只要没有生命危险，就不会给别人添太大的麻烦。只要我们不逃避做能力范围内的事，同时在想做的事情上拼命努力，就能过上愉快又丰富多彩的人生。

我们平时挂在嘴边的拼命努力（一生悬命），本意是"将主君赐予的一方领地作为基础，在那里奉献自己的一生"，并且原本写成"一所悬命"。据说人们为了强调努力的程度，将"所"改成了"生"，或许"生"这个字更能表现出竭尽全力的意味。

**★培养感知能力的方法——立刻反馈**

已故资深播音员村上正行先生曾在"故事私塾"担任讲师，让学生练习"不经思考立刻将看到的和感受到的讲出来"。

这是一项培养感知能力的练习，比如在走进房间时立刻注意到房间里的花，说出："哇，花真好看。"（如果在别人说完之后才看到，就说明你感知能力弱。）

"阳光洒在房间里，一个3岁左右的孩子拿着蜡笔在

## 第1章 催促你的不是别人，而是你自己

放在地板上的画纸上陶醉地画画，孩子画得很入迷，就连画到纸外也没注意到。这时你会说什么？好！你来回答。"学生突然被村上先生提问。

**这时只要犹豫就会马上"出局"**，村上先生会提醒学生不能思考。"真可爱""好天真""画出来了哦"，任何感想都可以说。问题在于你感受到了什么，如果你想在其他学生面前给出机智的回答，结果在回答前犹豫，村上老师就会提出严厉的批评："我说你啊，想不出来就不用想了。"这项练习让所有参加讲座的人深深感到自己的感知能力有多么弱。

通过这个小故事，我想告诉大家的是感知能力的重要性，它能提高我们反应的速度，与此同时，孩子拼命画画的样子也能让很多人看到自己的影子。

能提高反应速度的感知能力正是让我们忘记时间的流逝，为某件事情拼命努力的能力。在沉迷于某件事情时，我们没有时间思考其他事情。

长大成人后，我们渐渐没办法沉迷于一件事情，总

是在行动时考虑很多。所以我们会在有人说出"啊,那里摆着漂亮的花"之后,加一句"那种花原产于南美,一朵大概要200日元①"。我认为最先看到花并能立刻发出感叹的人很有魅力,我想要成为那样的人,并且为此练习了20多年。

进入社会后,比起沉迷于努力做事,我们会优先考虑"快还是慢""擅不擅长""精不精通""有没有抓住重点"。要不要试试回到小时候那种沉迷于一件事情的时刻?

更重要的是,现在还有能使你沉迷的事情吗?如果没有,请像Noppo先生说的那样,寻找喜欢的事情并且沉迷其中吧。

→拥有能使自己沉迷其中的事情的人很了不起。

---

① 1日元≈0.0497元人民币。

## 站在十年的时间跨度上思考问题

"当一扇幸福之门关闭时,另一扇门就会打开;但我们常常盯着紧闭的门看得太久,以至于看不到为我们打开的那扇门。"这是海伦·凯勒(Helen Keller)说过的话。我认为这句名言既适用于感情和工作上的失败,也适用于人生中遇到的其他挫折。

着急的人、被催促却迟迟无法完成任务的人久久注视着的门对面,是工作干脆利落的人、能顺利做事的人,以及能不断做出成果的人。

因为他们只盯着门看,所以会觉得自己没有用、无能,结果更加着急,可能注意不到另一扇门已经打开。

有一所小学请我作有关生命的演讲时,我举了蟑螂和蚊子的例子。

蟑螂是和我们生活在同一屋檐下的伙伴。它们不会盛气凌人地走来走去，而是缩手缩脚地在房间或者走廊的角落里迅速移动，仿佛在说"我马上就去别的地方"。而我们却会把报纸卷得紧紧的，大喊着"你这家伙"砸向它们，仿佛它们是我们的仇人，但明明被砸扁的蟑螂家里也有兄弟姐妹。

就算被蚊子吸了血，我们也不会有生命危险，虽然会痒，但是涂了药很快就会好。

如果我是蚊子，当人类的大手拍向我，明白自己即将失去生命时，我心里一定会想："我做了什么需要被杀死的坏事吗？"人类却会得意扬扬地捏起被拍扁的我嘟囔："太好了，你这小样儿！"

**★会毫不犹豫拍死蚊子的人以及会为蚊子哀悼的人**

说到这里，听了我这番"漂亮话"的学生、老师和家长中，有人露出了惊讶的表情，仿佛在说："虽然说得好听，但是你也会杀死蟑螂和蚊子吧？"

到了夏天，我也会夺去蟑螂和蚊子的生命，可是我不会说"你这家伙"或者"你这小样儿"，而是会向它们道歉。

演讲时，很多人听到这里就笑出了声，他们心里想的是：

"什么嘛，你不是也会杀生吗？把'你这家伙'换成'抱歉'，把'你这小样儿'换成'对不起'，也无法改变夺去一条生命的事实吧？"

"说着'你这家伙'或者'你这小样儿'不断杀死蟑螂和蚊子的人和说着'对不起'和'抱歉'夺走其他生物生命，还会在傍晚为自己杀死的生命烧香的人，十年后再看，这两种人一定会形成相当大的差距。"

我说到这里，很多人垂下了目光，大家应该多少能够想象十年后的差距有多大吧。

**★无论何时都要等待"积累十年"的门**

打蟑螂和蚊子时，没有人会思考十年后的事情。现在面前的门是驱除害虫，人们很难注意到在成功驱除害虫后，旁边马上会打开一扇名为"十年后"的门。

俗话说"功到自然成"，无论是运动、做陶艺还是做干花，任何事情只要坚持3年，就会获得一些成果。而且从经验来说，只要坚持10年，就可以给别人当老师了（如果继续坚持下去，就可以授人以渔了）。

这就是十年岁月所拥有的力量。

专注眼前的事情非常重要，可是我希望大家也看一看旁边不远处"积累十年"的门。

我曾经在向别人提供人生建议时说过："或许现在的工作很辛苦，但是只要半年后能笑出来就好，到时候能笑着给别人讲述现在的辛苦就好。"

我们自己也要经常停下脚步，想一想自己脚下的道路究竟通向何方。

请你也渐渐养成站在十年的时间跨度上思考问题的习惯吧。

→经常停下脚步，想一想自己将走向何方。

## 受外界干扰时请谨慎选择

我们明明在按照自己的节奏生活,却总有人会从旁介入,打扰我们的生活,把我们带上弯路。

以前有一个人加入暴力团体,犯罪后进了监狱,服刑期间离婚,出狱后看了我的书后,特意来到寺庙里向我道谢:"我要是能早点儿看到这本书,说不定就不会进监狱,能更早离开暴力团体了。托您的福,我有了改邪归正的勇气。"

出狱后,他给前妻写信,希望能见见女儿,但是前妻一口回绝,回信说:"如果女儿说想见你的话我会考虑,但是在那之前,我不打算安排你们见面。"男人在我面前低着头,一滴眼泪落在了紧紧握着的信上。

"年轻的时候,我被坏人引诱……如果当时不入伙……"他小声说。如今走到这个地步,比起责怪当时的同伴,他更后悔自己轻易走上了歪路。

他原本按照自己的方式生活,却有人在中途引诱,告诉他另一条路上的水更甜,结果他稀里糊涂地误入歧途。对于如今在职场中随波逐流的新人来说,他的故事或许能够成为打动人心的忠告。

**★前辈说的"令人不快的话"教会我的事**

当我出版了能够摆在书店里供大众阅读的书时,有学者型的前辈讽刺我:"你写的书似乎一本正经地以'空'为基础,但是你究竟看过多少和'空'有关的论文呢?"

我听了前辈的话之后觉得自己受到了轻视,感觉有人在教育我应该学习更多的东西后再写书。

我觉得自己不能被看不起,于是急急忙忙地读了好几本论述"空"的专业书籍,书的内容非常专业且学术性强。我对知识的好奇心得到了满足,可是那些内容对

## 第1章　催促你的不是别人，而是你自己

日常生活几乎起不到作用。于是我再次思考自己为什么要读这么深奥的书。

为了尽可能为读者提供有准确知识基础的内容，我当然应该学习。可是我发现当时的我，只是因为不想被前辈小看，才去读那些深奥的书。于是我终于意识到："那位前辈和我所处的领域不同。"

前辈多年来一直在学术领域做研究，而我想向更多人传达能够用在日常生活中的知识。

回头去看，前辈问我究竟看过多少文献，其实是在邀请我进入他的领域。我没有意识到两个人所处的领域不同，贸然踏入了他人擅长的领域，所以留下了令人懊恼的回忆。

你明明想按照自己的节奏从容、仔细地做事，却总被人催促，面对这样的人，你自然会不由自主地产生厌恶吧。你想要从容、仔细地做事，他人却想将你拉到必须在规定的时间里完成规定工作的领域。

有些人想打乱你的节奏，并把你从自己的发展道路

上拉到旁边的发展道路上,而那条发展道路是他擅长的领域。你只要稍稍意识到两人身处不同的领域,就能在大多数情况下摆脱他人给你带来的恶劣的影响。

→不要轻易踏入他人的领域。

## 第1章 催促你的不是别人，而是你自己

## 适可而止的做法才是最好的

释迦牟尼出家后，为了摆脱痛苦（不顺心），隐居在山里过着严格的修行生活。可是6年后的某一天，释迦牟尼发现，就算做了如此极端的修行，也没办法消除痛苦，于是他下山在菩提树下冥想了一周，在35岁时开悟。

以苦乐为首，在有无、善恶等对立概念中不偏向任何一方，这样的思维和生活方式能让人的内心保持平静。

我也有不尽全力就无法安心的感受。可是只要尽全力做事，就会在意细节。想用玻璃球装满一个盒子，就会在意玻璃球中间的缝隙，想用更小的玻璃球填满缝隙。可是无论用多小的球，都会留下缝隙，再怎么努力也没有尽头。再如给自行车的轮胎打气，如果一直打，最后

只要再多打一下，轮胎就会爆炸。有时，**竭尽全力会带来大麻烦**。

或许有人做事不尽全力就无法安心，就连释迦牟尼也花了六年时间尽全力修行。

我的朋友中也有这样的人，比起自己的立场和健康，他们会以帮助别人为先，东奔西走导致身心俱疲（帮助他人的人因为太努力，结果变成了需要帮助的一方）。他们也是在竭尽全力后才明白了适可而止的道理。

### ★人不亲历失败就不会明白的道理

有了几次竭尽全力，超越自己的能力极限而筋疲力尽的经历后，你就会明白适可而止就好。

有过这类经历的人会向痴迷于拼尽全力的人提出忠告，告诉他们不需要那么拼命，其实他们自己心里也明白，但就是做不到（不想做）"半途而废"。

正因为明白这一点，我在见到想要竭尽全力的人时，会默默守护他们，理解他们不努力到自己倒下就无法安

## 第1章　催促你的不是别人，而是你自己

心的心情。我能做到的只有做好准备，在他们因为疲惫而泄气时给他们提供帮助。

在好几本词典中，对半途而废的解释都是"做事情没有完成而终止"，翻译成英语是 unfinished。

在这种情况下，我们没办法解释"完成"指的是做到什么程度，恐怕理想情况是做到自己能够接受的程度吧。

不知道是不是考虑了这种解释，日本《新明解国语辞典》对半途而废的解释是"没有积极地坚持完成一件事情，处于两头不沾的状态"。

关键词是"积极地"，无论是没有完成，还是做得不彻底，只要积极地了结了一件事，就不算半途而废。

有人批评新冠疫情期间，人们给房间换气这项防疫措施做得不彻底，也有人认为换气这种事适可而止就可以了。就算你不喜欢半途而废，只要能带着积极的心态认为"做到这里就够了"，那就可以停止了。

此时的问题在于自己的适可而止在别人眼中是半途而废。当两个人发生矛盾时，最好发挥中道精神，相互

妥协，找出折中的方案，没必要为了迎合对方坚持到底的执念让自己身心崩溃。

顺带一提，英语中的"适可而止"可以翻译成moderate，意思是"有节制地、不偏激地"。如果有人批评我做事半途而废，我会从容地回答："水墨画的美在于留白，我很怀疑像西方绘画那样用色彩填满画布究竟好不好。"

"半途而废"和"有觉悟地、积极地做到适可而止"是同一种状态。

→能够自己决定做到什么程度结束的人很强大。

第1章　催促你的不是别人，而是你自己

## 最好的时机总是现在

如果你开始做一件事，并且希望做出些成就，那么有三年时间就够了。如果坚持十年，你就能达到当老师的水平。

很多老年人会为自己没能做到某件事情而后悔，遗憾地表示自己写的字不好看，本来想练字却没练成，或者本来想尝试插花，最后却放弃了。我很清楚大家没说出来的话，觉得自己如今上了年纪，精力、体力和记忆力都下降了，因此已经做不到当年希望做到的事情了，但是我总觉得这些老年人的内心深处隐藏着一个问题。

我认为他们都有羞耻心，觉得自己做不好，并且做不好的话会丢人。

我认为,随着精力、体力、记忆力的下降,老人如果能够减轻或者消除面对众人目光时的羞耻心就好了,然而这件事很难做到。

面对老年人的抱怨,我准备了以下警句。

"既然想做,就去做好了,以后不会再有比今天更年轻的时候了,在你余下的人生中,今天是最年轻的一天。"

"如果你想着'因为上了年纪所以不去做,幻想要是更年轻的时候做过就好了',那么你最好趁早开始行动。否则,你的人生就要走到尽头,你就只能躺在六尺(1尺≈33.33厘米)盒子(棺材)里接受我的祭拜了。"

很遗憾,没有一个人在听了我的话的几个月之后前来告知:"我觉得您说得很有道理,所以开始尝试做想做的事了。"

我认为,如果大家在听过我的话之后不采取实际行动,那么对话就没有任何意义。所以我依然会不断挑战,告诉大家从现在开始千方百计地着手做任何事都不算晚,

## 第1章 催促你的不是别人，而是你自己

希望大家能采取具体行动。

### ★ "反正没结果"的想法是心灵的红灯

想开始尝试却觉得为时已晚的人，多半认为好不容易着手尝试，应该要做出些成果。结果因为看不到出成果的可能性，觉得"反正没结果"，就犹豫是否要开始。

"反正没结果"，这是在明明没有去做，却自顾自地预测结果时说出的话。可是任何事情如果不尝试就不会知道结果是什么。

尝试后，或许会和预想中一样没有结果，可是人们凭借几十年的经验做出的预测经常会不准。

因为明白这一点，所以我把"'反正没结果'的想法是心灵的红灯"这句话写在纸上贴在桌前，随时提醒自己。"反正没结果"和"为时已晚"是同样的意思。

无论有没有结果，只要开始做就有意义。**我认为就算放低对结果的期待也要去做，不要一直为当时没能尝试做某事而感到后悔。**

"什么嘛，明明做了却没有任何结果，真丢人。"面对只会讽刺和抱怨的人，可以把他们当成无法追上不断前进的你，只能留在原地汪汪叫的狗，随他们去说就好了（抱歉这个比喻太粗俗）。

无论你想做什么事情，任何时候开始都不晚。此外，还有一件重要的事情需要告诉大家。那就是，**无论你想结束什么事情，任何时候结束都不晚**。有时一件事情坚持了很久，我们就会觉得想结束却无法放弃。比如：好几年来始终沉迷于游戏，没有做步入社会该做的事；为了生计做不喜欢的工作；为了得到生活费而不离婚……这些事情全部适用。请不要将你宝贵的一生浪费在"为时已晚"和"反正没结果"的想法中。

→不要因为"反正没结果"的想法而轻易放弃。

# 第1章 催促你的不是别人，而是你自己

## 本末倒置的困境

金钱应该由自己决定如何利用，如果沉迷于挣钱，人就会被金钱摆布，导致本末倒置。苏格拉底曾经留下一句名言，提醒人们不要本末倒置："纵使富有的人以其财富自傲，但在他还不知道如何使用他的财富之前，别去夸赞他。"

仓鼠居住的小屋里有个轮子是它的玩具，但是仓鼠不知道怎么玩，出于兴趣站上去后，轮子却转得越来越快，结果仓鼠掉下轮子摔疼了。这就是被用来玩的轮子摆布了的状态。在反复失败后，熟练运用轮子的仓鼠甚至可以让轮子向后转。

喝酒时，避免本末倒置同样很重要。明明是为了享

受开始喝酒，却在酒精的作用下停不下来，失去了享受的感觉，变成了人被酒精摆布的状态，结果患上酒精依赖症，成为酗酒的人。如果你像我描述的那样开始变成"我不喜欢酒，是酒喜欢我"的状态，请一定要注意。

还有的人，表面上想着小赌怡情，结果为了赢回输的钱而持续赌博，甚至瞒着家人借钱赌博，并且染上赌瘾。这是靠意志力无法解决的精神疾病，如果不尽早治疗，这类人在社会上的人际关系就会逐渐崩溃。

对于对金钱有执念的人、被轮子摆布的"新手仓鼠"、被酒精摆布的人，以及染上赌瘾的人来说，麻烦的地方在于本人不自知。

因为不自知，他们会在不知不觉中再也感受不到愉悦，并围着同一件事情转，甚至没办法回头想一想："说起来，我一开始做这件事情是因为开心，现在开心的感觉去了哪里？是什么时候不见的？"

### ★定期反省自己效果显著

每当我沉迷于一件事情时,每隔半年我就会反省一次,思考自己是在享受这件事,还是在被它摆布。

举例来说,我以前会把在老唱片里听到的西洋音乐转录到数字音频播放器中。当时,我原本的目的是通过听老音乐来享受当下,结果却忘记了原本的目的,一味地沉浸在怀念过去美好的日子中。

有一次,我想到了自己或许借助音乐被"过去"摆布了。从那以后,我开始积极欣赏近期发行的音乐。现在,我的座右铭是:"只需要在创造新事物时回顾过去。"

我们应该享受人生,但当我们思考什么是人生时,就是在被"人生"摆布,而不是主动享受仅仅属于自己的人生。在急急忙忙想做些事情的时候同样如此。

**忘记享受,将尽快完成某件事情当成目的就是本末倒置。**

你有没有享受正在做的事情?即使能够感受到乐趣,只要有一点点"必须尽快完成"的急迫感,就应该想一想自己有没有被手头的事情摆布。

让我们重新将"享受"这一目的刻进心里吧。这样一来,就连紧迫感本身都可以变成享受。

→如果因为太着急而忘记享受,一切就失去了意义。

## 人生的定制与配合：在成长过程中寻找自我独特之处

假设，小时候为了避免和身边人发生冲突并能够安全地活下来，你配合别人的做法，从而成了一个"好人"。

这种情况一直持续到青春期之后，你有了自己的想法，并在长大成人后，在"好人"一词基础上做了修改，变成了一个"怎样都好的人"。

无论怎么改，只要是个好人，就能减少与身边人的冲突，这或许是一种能够平安生活的处事之术。如果配合对方对你来说是正确的事（是你自己真正想做的事），那么这种做法无可厚非。

可是在重视配合他人，避免冲突的同时，往往需要尊重他人的做法，主动退让。如果能考虑到自己退让后他人一旦出了差错，该如何提供安慰和鼓励，就能更加有底气地生活。

**★是批量生产的人生，还是特殊定制的人生？**

为了不被讨厌，我们配合他人的节奏、察言观色，以便做出符合其要求的产品。

在制造业中，厂家也会根据客户的需求生产特殊定制的产品。厂家可以靠特殊定制的产品维持生意，最重要的是掌握能够做出特殊定制产品的技术、知识、经验并获得灵感等。

市场上翻新二手衣服和饰品的匠人能做到这一点，是因为他们有技术。当然，他们也需要积累相关的知识和经验，面对顾客的需求提出自己的意见，比如"最好不要这样做，因为……"或者"比起那样做，这样做更好"。

这些是他们作为匠人的本事，这样的匠人能够得到

## 第1章 催促你的不是别人，而是你自己

顾客的信任。

但是掌握了通过配合他人减少摩擦，避免把事情闹大的处事技巧的人，不会明确说出什么是正确的做法和自己想怎么做，而是在生活中配合他人，如同改变身体颜色保护自己的变色龙一般。

如果你的目的就是满足他人的需求，那么这种做法没有问题，但是如果缺乏技术和经验，无法提出正确的忠告，有时甚至会导致两败俱伤。

我的说法或许会让大家感到不舒服，但确实有不少家暴受害者一直被欺骗，明明多次被打却依然相信对方，陷入"那个人没有我不行"的自我陶醉，结果走到了无法逃脱的地步，导致加害者和受害者两败俱伤。

另外，因为不想被讨厌而配合他人的那份小心翼翼，同样会在不经意间从言行中流露出来。因为他们没有坚持自己的想法，所以在关键时刻往往靠不住，结果很难得到身边人的信任。

### ★想一想理想中的人在这时会怎么做

我曾经问过一个自称"生意人"的朋友采取了什么样的节税措施,他的回答是:"我是生意人,如果花费时间思考怎么节税,不如想一想该怎么赚钱。"

也就是说,他和我的视角不同。我给自己的座右铭是"与其成为被大家所爱的人,不如成为爱大家的人",这同样是通过转变视角放松精神的方法。

不要想着"我要配合大家",而是从"我要提高自己的能力,从而从容地配合大家"的角度思考。

不仅是工作,散步和吃饭时也需要配合他人的节奏。拥有与他人共情的能力也很重要。可是,做到这些事情需要掌握知识、经验和技术。

如果配合他人的节奏、察言观色让你感到疲惫,我希望你能在避免冲突的过程中,想一想自己理想中的人此时会怎么想、怎么做,踏踏实实地提高自己的实力。

→让自己更加从容,并有底气地配合身边的人。

第1章　催促你的不是别人，而是你自己

## 珍惜当下：缘的交错和聚集的瞬间

"活在当下"经常作为标语出现。看到这句话，应该有人想说："这不是理所当然的事情吗？现在又没有时光机，既回不到过去也无法去未来生活。"

但是有不少人在眼下的生活中想起过去的事，沉浸在回忆中，觉得过去真好，陶醉在自己过去的辉煌之中。也有人不做任何准备，幻想自己未来的样子，忽视当下的生活。

过去已经过去，未来尚未到来，做现在该做的事。

人只能生活在当下，而不是过去或未来。因此，我们要强调珍惜当下，并常常看看上面加粗的这句话。

**★缘其实就像扭蛋**

我们特意强调"当下"的另一个理由,是建立在"缘"这个大的法则上的。比如你现在正在看这本书,就是缘分带来的一个结果,是各种各样的缘分聚在一起的结果。

在这些缘分中,也有你自己创造的缘。因为你感到被催促,想做些什么,于是在寻找介绍这一问题解决方法的书。买下本书翻开,这就是你自己创造的缘。除此之外,还包括我写这本书,经历、学习了书中所写的内容,和有时间写作的缘。

另外,人们发明了纸,创造了文字;有一棵树可以作为原料,制作出你手中这本书的纸张;太阳的光和热以及雨水养育了那棵树,等等,随便就能想到数千个缘结出的果实,形成了你在阅读本书的结果。

令人震惊的是,"没有发生的事情"远远超过了形成结果的缘的数量,围绕在缘的周围。

因为身体不舒服读不了书,所以也包括"身体没有不舒服"的缘。没有灯就看不到字,所以还要加上"不停电"的缘。

每个缘都会带来大量的可能的结果,并随机出现一个结果。这就像把钱放进扭蛋机里,转动把手后不知道会转出哪个扭蛋一样。

在带来结果的缘中,我们最熟悉也最麻烦的是时间流逝导致的缘的变化。随着时间的流逝,各种各样的缘会被带动,就像游乐场里的咖啡杯设施一样,地面转动时会带着放在上面的每个杯子一起转动。

综上,在众多事情中能够确认的,只有各种各样的缘分聚集而成的"当下"。如果不珍惜当下的瞬间,一秒钟后,现在的状态就会发生改变,因此你很可能错过重要的东西。

想到这些,恐怕包括我在内的几乎所有人都没有活在当下的瞬间吧。可是我认为,如果能在众多"实现的缘"和"没有实现的缘"中结出果实,大家聚集在一起并在当下做些什么事情,在事情结束后,每个人都一定会觉得"当时做了那件事真是太好了"。

有一款发源于英国的桌游叫作叠叠乐,需要从用细长积木交错搭成的积木塔中按顺序一根一根抽出积木。"集中精神做眼前的事"需要的就是在抽出一根积木时集中精神。

顺利抽出的时候,玩家会松一口气,体会到完成一件事情时的充实感,并会打起精神着手做下一件事情。

平时大家几乎意识不到自己在集中精神做眼前的事,不过在每次集中精神完成一件事情后做好复盘,就能在越来越多的事情上集中精神,我认为这就是认真生活的表现。

→开始练习认真生活吧!

# 第2章

## 不要为小事烦恼

## 给他人添麻烦其实很重要

一名大学老师在教课时,发现一名学生坐在教室后面,开始上课后也没有摘下帽子。老师站在讲台上提醒那名学生:"那位戴帽子的同学,上课的时候请摘下帽子。"可是那名学生不为所动。

老师没有办法,只好走到教室后面再次提醒他:"上课的时候请摘下帽子。"学生抬起头,一脸不耐烦地对老师说:"我坐在最后一排,就算戴着帽子也不会给任何人添麻烦吧?"

老师立刻回答:"有没有添麻烦不是你来决定的,是**由被麻烦的人决定的**。我在上课,认为在房间里戴帽子的人缺乏礼仪常识,而教室里有一个缺乏礼仪常识的人是非常麻烦的，所以请摘掉帽子。如果你不愿意，请离开教室。"

学生一言不发，之后不情愿地摘下了帽子。

我已经在其他章节中说过，麻不麻烦是由他人判定的，幸不幸福是由自己决定的。

每个人认为麻烦的点各有不同，这很关键。只要你**不清楚他人嫌什么事情麻烦，那么添麻烦就是相互的。**

"我没有给你添麻烦，你却给我添了麻烦。"能说出这种话是因为你对添麻烦一事有严重的误解。

如果有人对我说出这样的话，我会反驳："你能若无其事地对别人说出这种话，而你却是我的朋友，这件事会给我添麻烦。"

### ★人生就像洗红薯

我们在现实生活中几乎不会对别人说"你给我添麻烦了"，而是会用"我会为难""你的好意我心领了，但是不好意思"来代替。

## 第2章　不要为小事烦恼

当我们担心给别人添麻烦时，会说一句"给您添麻烦了""会不会麻烦您"，但是彼此添麻烦是理所当然的事情，能意识到其中的重要之处的人，就能笑着回答："没事，彼此彼此。"

我举办过故事私塾，前日本放送主持人村上正行曾担任讲师，他好几次对包括我在内的参与者说过："**我洗红薯的时候会使用棒子。红薯之所以能变得干净，正是因为两者间的摩擦。**"

"洗红薯"常被用来比喻很多人挤在一起的样子，原因是为了洗掉红薯外皮上面的脏东西，需要在桶里放很多红薯，并用棒子充分搅拌。

村上先生想要表达的意思是，希望参加故事私塾的人能彼此切磋，从而提高表达能力。就像红薯一样在给对方添麻烦的过程中"变干净"。

在公司和家庭这样的组织中，成员们通常会有一些共同目标，为了达成目标，大家会提出不同的做法。有的目标需要以小组的形式完成，并且需要队伍里的成员相互提意见，也有的目标需要由几个小组共同完成。

在这种情况下，集体的做法和目标就相当于让红薯在桶里沿着一个方向搅拌，和沿着同一个方向旋转的棒子。

可是棒子只能引导方向，并不能让红薯变干净。让红薯变干净的是红薯之间的相互摩擦。请大家在下次洗红薯准备做饭的时候再次思考这件事情。

→**存在大量摩擦反而能增加魅力。**

## 第2章　不要为小事烦恼

### 犯错带来的意外惊喜

天有昼夜，月有圆缺，星辰轮转，太阳升起，一切自然现象和四季变化都有明确的规律，对这些事物的感受和思考带来了各种各样的影响。

有总是匆匆忙忙，无法平静下来的人；有慢条斯理，仿佛有无限时间的人；有严于律人宽于律己的人，有严于律己宽于律人的人；有能充分肯定自己的人，有缺乏自我肯定的人；有认为有钱就是幸福的人，有认为内心平静才是幸福的人。

每个人都会遇到不开心的事情，面对这些事，有抱怨不公、倾诉不满的人，有顺其自然且豁达的人，有分不清幼稚和年轻的人，有只会炫耀的人，有能够倾听他人意见的人。

观察别人生气、痛苦时的表现和反应,就能发现人在遇到不合自己心意的事情时,会产生负面和消极的情绪。既然如此,这些"自己的心意"就是麻烦。为了保持内心平静,必须想办法处理这些"自己的心意"。能意识到这点,你就会产生解脱感。

有人羡慕那些只顾着赚钱而变得富有的人,其实我们仔细观察就会意识到人并不是因为有钱而了不起。就像寄居蟹的大小不等于它背上贝壳的大小一样,无论一个人有多少钱,都和他本人的价值无关。在不知道别人怎么用手里的钱时,最好不要随便羡慕。想明白了这点,你也会产生解脱感。

**就像这样,我们观察别人的言行,受到积极影响,就能明白很多道理。**

因此,对于他人来说,你的言行也会成为他们很多发现、领悟的依据。就连你不小心犯下的错误也会激发他人的积极反应并做出改进,有人会因此变得更好。

## 第2章 不要为小事烦恼

无论犯了什么样的错误,都不需要太责备自己,必要时会有人来责备你。在受到责备前,无须担惊受怕。

→能够认识到自己的错误,就能改过自新。

## 无须与合不来的人走太近

我们在小的时候都听父母和老师说过要和他人好好相处。

如果能和所有人处好关系，确实就不会发生冲突，不会吵架，并且活得很轻松。在幼儿园和小学，由于身边经常会发生小冲突和小争执，所以有些人应该会时刻谨记要和别人好好相处。

在这样的人群中，有的人会觉得不能和所有人好好相处就是自己没用，会因此责备自己。

不过，我现在可以笑着心想："没办法和所有人和平相处的我还差得远啊。"然后开心地练习与人相处。

我认为与自己合得来的人只要有十个就够了，合不来的人也最多只会有十个，把剩下的人都当成不知道能不能与自己合得来的人就好。

我们在日常生活中会遇到的问题是，我们不得不跟合不来的人见面和交流。

但是，真正需要我们努力处好关系的人最多不超过十个。想到这里，一切好像也不是那么难了。

★面对无论如何都合不来的人，有效的方法是画一条线

我正在做的练习之一，是把自己的事情放在一边，全心全意关心他人。主要关心的是我在意的人的行为以及他的思考方式和说话方式。因为如果一个人在这些方面和我不同，那我们就会合不来。

我会首先推测对方为什么会采取那样的行动，为什么要用那种说话方式，以及他究竟抱有什么样的想法。

如果我了解对方的脾气，就会直接问"你为什么要用那么奇怪的方式拿碗"之类的问题，可是如果不了解

对方，我就没办法直接询问。遗憾的是，我的人生阅历尚浅，不知道准确答案，不过至少能做出推测。

如果对自己的推测没有信心，还可以问问身边人的看法。这样一来，就会增加与对方的共鸣，明白"原来是这样，那就没办法了"。

如果即便如此也无法接受对方与自己之间的差异，觉得难以置信，那就是你的问题了，是你的"相信"出了问题。

其实没必要赞同对方的言行，只要理解就好。

### ★理解和同意不一样

这恐怕是亚洲人不擅长的地方。

对话时，"我明白了"相当于英语中的 understand（理解），而赞同和同意则是 agree。但是在亚洲人的想法中，理解等同于同意，因此，亚洲人会说"既然你明白，就和我一起做吧"这样的话。但其实还有另一种应对方式，那就是说"虽然我明白你想做，但我不会和你一起做"，

第2章　不要为小事烦恼

也就是表达自己虽然理解但是不同意对方的想法。

用这种方法可以相对简单地和对方之间设置一个边界，减小与对方的相互摩擦，也更不容易发现彼此合不来的地方。

**★能轻松处理好人际关系的人好棒**

我再重复一遍，你不需要勉强自己把与自己合不来的人变成合得来的人。

不如把让自己喜欢上原本讨厌的人的力气用在其他事情上。只要把他们置于中立的位置，让他们变成自己既不喜欢也不讨厌，不算合得来也不算合不来的人就足够了（如果你依然想让一个人成为自己合得来的伙伴的话，请关注对方与自己的共通之处。只要有共通之处，你就能温柔地对待对方，并且更容易接受对方）。

在自己与合不来的人之间设置一个边界后，你们就会变成点头之交。

不必无视对方，在对方跟自己说话时，能简单说些感想，比如"这样啊，真好"之类的就足够了。

不要继续深入交流。以社交软件上的交流为例，维持只点赞不评论的关系就足够了。

不需要在自己与合不来的人之间制造一道冰河裂缝，只需要画一条线就够了，仅此而已。

→让自己变得更加宽容。

## 第2章 不要为小事烦恼

### 问题即机遇

日本寺庙基本上会与当地社区紧密联系在一起，很多施主就住在附近，穿着拖鞋骑上自行车就能过去。进入明治时代后，政府发布了解禁令，僧侣也能结婚、吃肉，世袭僧侣因此增加。由此也出现了住持一家代代生活在当地寺庙中的传统。

因为替施主管理寺庙的僧侣大多不会搬家，而是定居在当地，所以他们除了担任保护司[①]和民生委员，还要加入当地中小学的PTA[②]。我也不例外，德高望重的施主

---

[①] 保护司：日本的公务员，负责对出狱的人进行教育。——译者注
[②] PTA：全称为Parent-Teacher Association，译为家长教师协会。——译者注

们帮我铺好了路，我不得不接受小学 PTA 会长的职务。

同期的会长中还有一位优秀的僧侣 Y 先生，他是一所大学的讲师，还担任电视节目的监修。有一次，我听到了 Y 先生对学校举行的考试和训练的看法，感到醍醐灌顶。

"和入学考试等以选拔为目的的考试不同，学生平时在学校里参加考试不是为了获得高分，而是为了弄清楚自己哪里不会，哪里不懂。"

假设一名学生考了 80 分，这说明他回答正确的题目不需要再次复习了，而被扣的 20 分体现了他没有掌握的知识。弄清楚没有掌握的内容后，只要学习这 20 分的内容就好。

我觉得这段话很了不起。小时候我如果没有考到 85 分以上，就不敢让父母看到试卷，要是上小学时能听到这句话，我的学习方法恐怕会发生巨大的改变。

Y 先生的思考方式中包含着"对无明的自觉"。

无明指的是身处黑暗之中。为各种各样的事情烦恼或陷入挣扎、失败，对自我感到厌恶，这种状态就是无明。

用我的话来解释"对无明的自觉"，就是明白自己还差得远，认为自己有不足之处。正是因为发现了自己的不足之处，才会拖着沉重的身子站起来，想要做些什么，想要努力。

### ★做不到只能证明还有上升空间

将发现自己的不足之处，也就是"对无明的自觉"的思维方式应用于学校考试中，就能做到Y先生所说的"**考试会告诉我们自己什么地方不会，所以之后只要学习不会的地方就好**"。

认为为这种事情烦恼、生气、失落的自己还差得远，能够认识到自己的局限性需要极大的勇气，而这才是值得展示勇气的时刻。只需要简单地承认自己的不足即可，如果无法克服自我否定的过程，就没办法做到以前做不到的事情。

我把自己写的"做自己做不到的事情叫作练习"作

为座右铭，换一种说法就是"做自己做不到的事情叫作修行"。

能做到的事情不用练习也可以做到，但是坚持做能做到的事情也是一种修行，因为有些事情需要反复练习。

用更通俗的说法讲，就是虽然有些事情暂时做不到，但自己有变得更加能干的上升空间。

如果你常常在自己身上找问题，请记住自己还有上升空间，在弄清楚自己的缺点之后，补足短板就好。今天的你比昨天的你，明天的你比今天的你，一定更加闪亮。

→转换思维，相信自己下一次会做得更好。

## 第2章　不要为小事烦恼

## 稍微敷衍一点儿也没关系

寺庙正殿每个月会举办一次话术课，曾担任讲师的已故播音员村上正行先生说过，自己讲课前不打草稿。当时参与课程的有12人之多。

有五六名学生在他人面前说话时必须拿着稿子才会感到安心。他们听了村上正行先生的话后瞪大眼睛。看到他们的表情，村上先生说："说话的基础在于自然流畅。恐怕没有人会在睡觉前思考明天起床后要怎么和父母打招呼。如果对母亲说'妈妈早上好，谢谢您每天从一大早就辛苦地做家务'的话，恐怕会被母亲说'你是不是发烧了'，或者'还在做梦吗？'就连我们这些专业播音员，都很难自然、流畅地读稿子，更不用说只是外行的大家了。"

写稿子这件事，就好像只要有一条60厘米宽的路自己就能走过去，然后又用铲车把道路两边全部挖开，只留下一条60厘米宽的路。我们之所以能安心走路，是因为就算走路只需要60厘米宽的道路，但是道路两边都是平路，就算走到这60厘米的外面也没关系。

如果60厘米宽的道路两边成了悬崖峭壁，我们恐怕就会吓得不敢走了。就算能走，也只能走在60厘米宽的路上。写稿就是这么一回事。

我只有一次在演讲前写了稿子，当时我22岁。

因为有人拜托我演讲20分钟，为了在讲话时不慌不忙，我准备了十五六张400字的稿纸。

然后我把内容全部背下来，靠着记忆给大家演讲，结果因为紧张，语速太快，只用了13分钟就讲完了。因为我完全依赖稿子，所以剩下的时间不知道该说什么好，紧张得直冒汗，最后只好说："虽然时间还早，但是我要说的就是这些。"

尽管有几个人鼓掌,不过他们的掌声传达的一定不是"明明这么年轻,却很努力"的称赞,而是一份安心,觉得终于不用再听结结巴巴、干燥乏味、照着稿子背的演说了。从那以后,我再也没有准备过稿子。

**★如果有就要掉下悬崖之感**

我有时会遇到觉得自己无法跟上身边的人,感到自己脱离正轨的人。用上文中背稿子的小故事来比喻,这种情况或许相当于大家都走在60厘米宽的道路上,你却脱离正轨,于是你从悬崖上掉下去了。如果带着这种想法,你自然会因为脱离正轨而感觉活得很痛苦。

要想消解这份来自生活的痛苦,找到自己的容身之处有两种办法。

第一种是走在60厘米的范围内,勉强自己迎合身边人。

可是如果勉强自己,就会走得跟跟跄跄,依然有掉下悬崖的危险。为了避免这种危险,大家需要掌握在人潮中从容前行的力量。也就是说,活在能力比自己略逊一筹的人群中，迎合他们生活（遗憾的是，如果选择这种做法，将无法获得更强大的力量）。

第二种方法是就算其他人都走在60厘米宽的道路上，你也要为自己开拓更广阔的道路，这与讲话时不写稿子、不被稿子束缚的方法如出一辙。

如果其他人都走在"竭尽全力，付出100%的努力工作"的道路上，那你可以拓宽自己的道路，接受"只要付出60%的努力就够了"的想法。这样一来，虽然有遭人白眼、活得不自在的风险，但必须从众的想法本身就和写稿子一样会受到束缚。

能遵循自己的想法生活自然很好，如果不行，那么还有其他生活方式。无论面对什么样的状况，只要能够拓宽被思维定式限制住的道路就好。无论别人如何抱怨，你的人生只属于你自己，你需要走出属于自己的人生道路。

→活出自我是获得自由生活的启示。

## 第2章　不要为小事烦恼

## 追求内心平静的人生契机

如果询问小学生的梦想是什么，他们的答案大多是开一家甜品店，成为足球运动员、保育员、媒体主播等（实际上因为社会的变化太大，有六成的小学生长大后会从事他们上小学时尚未出现的新职业）。

如果询问小学生的监护人的梦想是什么，他们的回答大多是想去国外旅行，想住在乡下，想做陶艺等。

你想成为什么样的人，包括想做什么工作，想过怎样的生活，这是关于自我终极目标的问题。

面对这个问题，如果回答是"希望成为任何时候，无论发生任何事情都能保持内心平静的人"，毫不夸张地说，这就是新的领悟。

大家或许认为人没办法变成这样。可是小学生和他们的监护人都会朝着自己憧憬的目标努力，在这一点上所有人都一样。在出现负面或者消极情绪时，扪心自问，寻找原因，并思考如何解决。虽然烦恼越多痛苦越多，但是反过来烦恼也能推动我们找到痛苦的原因并且解决问题，增加内心平静的时间，所以烦恼与获得领悟息息相关。

### ★针对孩子提问的精彩回答

"为了以后能成为动物园的饲养员，我该怎么做呢？"

听到孩子的问题，一位资深饲养员回答："动物园里饲养动物是为了给客人展示。所以首先要让它们喜欢人，这是最重要的事情。"

这是一个广播节目中的环节，由嘉宾解答孩子们的提问。平时，为了激励孩子做其想做的工作，嘉宾常给出"一步一步登上通往目的地的台阶"之类的建议。我很少会自言自语地发出感叹，但是听到上面这么精彩的回答，我情不自禁地说了一句"漂亮"。

希望以后在乡下生活的人，现在就需要了解每个季节、每个节气要做的事情。乡下的人际关系远比城市里紧密，住在乡下必然要参加当地的运动会，也要参加当地的节日庆典。如果在回到乡下生活前没有转变思维，将每个节气的庆典活动融入自己的日常生活中，那么就算真的回到乡下生活，也会在不久的将来感到不习惯。

**★你想做这件事的原因是什么？**

请注意，当朝着目标前进时，基于不想被他人讨厌、不想被当成坏人的恐惧心理，你可能会做一些事。

尽管一个人不可能被所有人喜欢，但总有人希望自己能讨人喜欢，因为这样一来会活得更轻松，所以有的人会待人亲切，说别人想听的话。

如果单纯是为了讨人喜欢倒是没问题，可是如果是基于不想被讨厌的恐惧心理做事，那么你的做法就是错误的。如果坚持这样做，你就会无论何时都不得不看别人的脸色生活，一直担心被讨厌，担心惹别人生气。这类人为了确认他人没有讨厌自己，会一次次询问他人对自己的看法。因为恐惧而活得战战兢兢、提心吊胆，这就太得不偿失了。

工作中同样如此。如果你的处事之术是基于恐惧的，那只会让自我渐渐萎缩。比如，担心惹别人生气，不得不更加麻利地干活；担心我行我素会跟不上身边人的节奏，会被当成怪人，于是不敢做自己想做的工作，而是主动迎合他人的节奏。

请大家不要因为恐惧而行动，而要带着纯粹的心情向目标前进。将来，你想成为什么样的人呢？

→带着纯粹的心情朝着目标前进吧。

## 摆脱比较的枷锁

"与他人做比较后感到开心会伤人,感到悲伤会失去自我。"我认为这句话很有道理。

如果你因比别人更有钱、更能干、做事更快而产生优越感的话,那么被你当成比较对象的人就会觉得自己又穷又笨,是个工作能力不行的废物,并感觉自己受到轻蔑和侮辱。

如果做比较后感到开心,那你可能会伤害到被当成比较对象的人。

此外,如果做比较后觉得自己普通、不起眼、不够果断,因为自卑而陷入自我厌恶的话,你就没办法看到自己不骄不躁的优点,也看不到自己和光同尘,忽视自己能够融入环境的随和性格，并且无法发挥自己处事慎重、擅长危机管理的优势。若总是在做比较后感到悲伤，就容易看不到自己的优点，从而失去自我。

**★停止比较**

比较会让人产生优越感和自卑感，而且价值观会随着比较对象的变化而发生改变，迷惑人心且扰乱人心。因此，停止比较（相对），找到自己的绝对价值。不要和他人比较，要看到（了解）真实而优秀的自己。

我自己的经验也能证明这种做法更容易保持内心平静。就算遇到比自己年轻的人，也不会羡慕年轻真好，而是接受自己的年龄、阅历。

接下来，我将再次为怀有自卑感，觉得自己笨手笨脚、格格不入、土气、不显眼的人介绍克服自卑感的方法。

举例来说，如果你是一个喜欢在与别人做比较后因为自己笨手笨脚而感到自卑的人，那你应该会崇拜那些思维敏捷、理解能力和应对能力强的人吧；如果你因为

## 第2章 不要为小事烦恼

别人讽刺你格格不入而感觉比不上别人，就会崇拜那些能主动带着别人向前走的人吧；如果你因为自己土气和不显眼而感到自卑，或许会在心底默默希望自己也能成为闪闪发光的人吧。

我已经强调过，最好能够停止比较，但是如果以上的想法出自你的内心，那么比较也不是坏事。

在短跑比赛中获得第二名的人，通过与第一名比较，能够知道跑到多少秒之内就能成为第一名，并且在此基础上努力练习，缩短自己的用时，那么比较就成了一件好事。如果只是觉得自己不行，因为得了第二名而感到不甘心，那么比较就几乎没有意义，这种人适合只朝着自己的理想努力。

这就是关键所在。思维敏捷的人，能带领他人前进的人，闪闪发光的人，都在为了变成自己现在的样子而不断思考、努力、反省。

虽然人们常说枪打出头鸟，但是为了出头就要付出相应的努力，并打起精神。如果在原地发呆，就会被其他鸟儿追上甚至超过。为了不输给其他鸟儿，必须付出更多的努力。

从某种意义上来说，这种做法非常辛苦，而且付出了辛苦还不一定能成为出头鸟。不过在做好花费时间、体力和精力的心理准备的基础上，做出尝试是有价值的。

没办法付出努力、做好心理准备，却不自觉地与他人做比较的人，或许可以让自己成为辅助、衬托别人的人。

嫉妒是因为自己尚未达到理想的状态。一旦达到理想状态，嫉妒的心情就会消失。在与他人做比较时感到嫉妒的过程中，我们无法处于理想状态，所以一般不会感到幸福。

如果你是这样的人，请尽量避免与他人做比较，摆脱嫉妒的情绪。

→我们要一辈子与自己的内心为伴。

第2章　不要为小事烦恼

## 总会有办法，别担心

一休从小机智，留下了数不清的故事。他是日本室町时代的临济宗僧侣，正式的名字（法名）是宗纯（一休是他的号）。他在各地传教，1474年（80岁）成为京都大德寺的住持，但是据说不久后他就将大德寺托付给后辈，去其他地方结庵居住了。

一休辞去大德寺住持的职务时，留下了一段轶事。

一休召集一帮弟子，向他们展示一个绑了绳子的信匣。

"这里面有我的遗言，但一定要在我死后，大德寺遇到事关存亡的危机时才能打开。"

弟子们想尽快看到闻名遐迩的一休的遗言，可是既然师僧有命，他们只能收起信匣。

## 别太着急啦

一休去世后过了很久,大德寺遇到了进退维谷的情况。弟子们希望想办法保住大德寺,进而传播禅宗的教义和佛教的教义,并为此向支持大德寺的武将和朝臣寻求意见,他们自己也绞尽脑汁地想办法。然而当时的形势晦涩不明,没有人知道未来会发生什么。

这时,大家在没有人牵头的情况下达成了一致意见,即打开一休留下的遗言信匣。

弟子们齐聚一堂,安静地解开绳子,打开了信匣的盖子。然而,当他们看到匣子里的东西后面面相觑,一头雾水。

这也很正常。因为匣子里放的是一休的遗言,弟子们以为是卷轴,但匣子里只有一张半纸[①]。

弟子们拿起这张半纸,上面只写了两句话:

**总会有办法。**

---

[①] 半纸:宽24—26厘米,长32.5—35厘米的日本纸,用于习字。——译者注

第2章　不要为小事烦恼

别担心。

我认为这是很具有一休风格的机智小故事。

**★船到桥头自然直**

虽然我们在遇到棘手的事情时会自暴自弃，嘴上说着"总会有办法"，然后撒手不管，但一休的话却有不同的意思。

一休再三叮嘱要等大德寺遇到事关存亡的危机时再打开放着遗言的信匣。弟子们听了他的话，自然不会轻易打开匣子，会等到最后一刻，再把他的遗言当成最后的希望。

我认为这个故事告诉我们，尝试很重要，为了解决问题，要思考所有能想到的办法（包括设两层甚至三层保险）。

做出所有能做到的努力后，就再也没有我们能做的事情了。船到桥头自然直，就算担心也无济于事。之后只能听天由命，远远地观察事态发展。

如果在观察的过程中出现新的问题，只要再次集思广益，在试错的过程中寻找解决办法就好。

**★直到生命结束前都要好好生活**

只要坚持到最后一刻总会有办法的，这种思考方式很重要。因为我希望大家能把重心放在"活着"这件事情上，所以我常安慰他人："没关系的，人在死前都要好好生活，死后的事情不需要担心。请在生命结束前好好生活吧。"

做到所有能做的事情之后，就无须想太多，因为你已经竭尽全力。

→拥有竭尽全力的觉悟将助你打开新世界的大门。

# 第3章

## 如果你不由自主地焦躁

## 放弃"应该",世界更宽广

仔细想来,每件事情都在发生变化是理所当然的,但我们却在不知不觉间认为"幸福会持续到永远",或者"痛苦不会消失",这样的想法会扰乱我们的内心。

误以为无常的事物是常态,正是扰乱我们内心的原因,所以我在本书里同样会一次次提到"诸行无常",并且建议大家不要拘泥于现在的状态。

**★留在原地不动会变得痛苦**

"拥有执念"相当于留在原地不动。"执着选择××""讲究××的杰作"等,都意味着不做出其他选择,固守现状。

但是就算留在原地不动,根据诸行无常的法则,周围环境依然无时无刻不在发生变化。就算嘴上说着"我对那个人的爱不会变",想永远留在爱的居留地,在结婚生子后,情况依然会发生巨大的改变。我们在看到其他喜欢的人身上的优点后,或者遇到了个性与现在喜欢的人完全相反的人,也有可能在他们身上感受到别样的魅力。

如果想稳固相爱时的感情,就必须在面对各种各样的变化时不断拿出应对方法。在不同的时刻,遇到不同的事情时,一次次重新看到(更新数据)自己喜欢的人的优点。这就像为了不让垒好的沙堡被海浪冲倒,于是一次次增加沙子,不断加固一样。

我想说的是,如果你执着于保持完全一样的状态不变,那你就会心烦意乱。因此,最好尽可能放下执念,因为拥有执念必然会带来心烦意乱这个副产品。

尽管如此,依然有人想要坚持自己的想法,那么只要做好心烦意乱的心理准备就好。当情况出现变化时,在知道会心烦意乱的基础上坚持自己的想法,以及没有做好心理准备就坚持自己的想法,这两种状态下心烦意乱造成的影响会有巨大的不同。

**★要注意你的口头禅**

在我的经验中，执念往往会以"应该做××""应该有××"的表达方式出现。从比例上来说，"应该"越多，让你心烦意乱的事情越多。

认为"应该做××""应该有××"的人不能原谅没有按照自己的想法做事的人，所以无法保持内心平静。最糟糕的情况是，当自己也做不到的时候，这样的人甚至无法原谅自己。

在我60多年的人生经验里，很多事情就算不拘泥于"应该"，也不会出大错。

要扩大你的接受程度，将"应该做什么"的想法变成"这样做比较好"，这样一来生活就会轻松得多。

"应该做什么"是自己定下的规矩。与其定下很多规矩束缚自己，不如稍稍放松一些尺度，让自己活得更轻松。

→**不要执着于应该做什么。**

## 做事的艺术

"做事的方法只有三种。"这是罗伯特·德尼罗（Robert Deniro）在他主演的电影《赌城风云》里的台词。德尼罗演的是美国拉斯维加斯的赌场老板，员工对他的做事方法表示不满时，他干脆地拒绝了员工的提议，并贯彻自己的做法。他对员工说："在这儿，做事的方法只有三种。对的、错的，还有我的做法。"

听到这句台词时，我为其中包含的单纯明快的真理感到震惊，也因此把那部电影看了好几遍，并记下了这句台词。

无论是我还是到目前为止我遇到的人，都只有这三种做事方式。不对，其实所有人都只有第三种做事方式，就是"我的做法",只能用"我的做法"。就是因为这句台词,我明确地认识到这件事情。

从那以后,我对别人的做事方式变得格外宽容。

**★当彼此心中"正确的做法"不同时就会吵架**

做一件事情(刷牙、洗澡、工作等几乎所有事情)时,我们都会有自己认为正确的方法。除了自暴自弃或者想拉某个人一起犯错的时候,没有人会故意选择错误的做法。

然而,无论是正确的做法还是错误的做法,我们都无法在做事的当下做出判断,只能随着时间的流逝看到结果。

因此,为了让大家在任何时候,发生任何事情时都能保持内心平静,我坚信:能让人静心的事情是善,相反,扰乱人心的事情是恶。

然而根据诸行无常的法则,随着缘分的聚散,结果的善恶会发生改变,任何事情都不会始终是善或者始终是恶，而是会发生变化。

就算你为他人着想施以援手，也有可能被他人依赖，结果妨碍了他人的独立，扰乱了自己的内心。做了明知不能做的事情后感到后悔，不仅要告诫自己不能再犯同样的错误，还要阻止他人犯下同样的错误，这样做多多少少可以得到内心的平静。

一段时间后再做出善恶的判断，事情也有可能出现反转。善恶的判断并非一成不变，而是需要经历时间的考验。

### ★试着想想不久的将来

话题回到正确的做法和错误的做法上。在做事的当下，我们无法判断自己的做法是正确的还是错误的。一段时间后，我们才能对正确与否做出暂时的判断。

因此，我们在做事的当下只能选择自己认为正确的做法。因为不知道正确与否，所以最终所有人都只能选择自己的做法。

"不是这样的。我明明想按照自己的想法做事，但有时只能按照别人要求的方法做事。"或许有人会这样想。可是"只能按照别人要求的方法做事"在一定程度上依然是你自己的选择。

因为人们做事的方法因人而异，所以当你不满意别人的做法，认为别人的做法是错的、想要挑刺时，只要想想"做事的方法只有三种，正确的做法、错误的做法，还有自己的做法，而且只有在事后才能判断正确与否，所以他是在按照自己的做法做事"这一观点，就能够接受了。

→宽容、理解、接纳他人。

## 热情与冷静的交织策略

有的人拥有某种信念,做事会被信念影响或者推动,从而勇往直前。

我在49岁时,有生以来第一次写出了一本适合大众阅读的书。书是一个强大的武器,能够将日常生活中用到的思维方式传递给更多的人。

写书时,编辑会进行社会调查,研究人们会因为什么样的事情而感到困惑,为什么样的事情而烦恼,然后根据调查结果设定选题项目,而我负责针对这些问题给出解决方案。

以前的我一直在稀里糊涂地生活,写书之后我才开始认真思考如何解决这些烦恼。

## 第3章 如果你不由自主地焦躁

此时我发现，纯粹的理论知识几乎派不上用场。

"诸行无常是大的原则，任何事物都不会始终保持同样的状态。"无论将这句话写多少遍，在面对日常生活中出现的各种问题时，如果不能意识到诸行无常的道理，用诸行无常的"思维过滤器"进行过滤，让内心保持平静，那么坚持这项原则就没有意义。

### ★为什么我无法排遣自己的负面情绪？

在越来越多的时间里面对越来越多的事情，我越来越能够保持内心的平静时，我开始认为，如果不向大家介绍这种方法就太可惜了（有一位编辑对我说："如果您想用书来传递观点，就请继续创作新书吧。新书会摆在书店里，如果不是新书，那么除了相当畅销的书籍，其他书都会被从货架上撤下。"这句话更加坚定了我持续写作的信念）。

现在，可以说正是这一信念在背后推着我前进，拉着我的手让我继续坚持。

刚开始，一些同伴对我提出忠告："你会不会太拼命了？要不要稍微保留一些精力？"但我当时刚刚开始起跑冲刺，只想对他们说："你们才应该多付出些时间和体力"。我明明倾注了自己的心血，那些同伴不仅没有产生共鸣，还给我泼冷水，他们的态度让我不由地感到焦躁。

这就是有趣的地方。热情如字面意义所示，我们需要在某件事情上投入超过某种标准的热情。**拥有热情的人面对没有热情的人，会带着某种类似于侮蔑的情绪。**

以我的事情为例，愤怒扰乱了我的内心，我想冲他们怒吼："你们为什么不像我一样去做事！"

这种现象适用于总是风风火火地行动，总是在努力的人。带着热情总是风风火火地行动，总是在努力的人很难与缺乏热情的人产生共鸣，这两种人之间总是会产生激烈的矛盾。

他们只有在意识到自己太着急、太努力，身心都感到疲劳困倦时，才会与和自己不同的人产生共鸣。

另外，是不是可以冷静下来审视自己，想一想自己或许情绪过度高涨，不用那么着急也没关系，不用那么努力也没关系？最终，能够放松下来的人或许能够和与自己不同的人产生共鸣。

**★只要朝着目标前进，就不会出大错**

如果工作的目标是拿出成果，那么急急忙忙地努力工作，或许能够得到肉眼可见的成果。可是我认为当我们面对比工作上的目标更宏大的人生目标时，比如"想成为更棒的人"，就算不那么着急，不那么努力，只要朝着目标前进，就不会出现大的差错。

顺带一提，我的目标是成为无论何时、无论发生何事都能保持内心平静的人。

保持热血、热情等需要巨大的能量。不停地散发能量并不是一件容易的事情。

我在减少活动的场次，并且过了晚上九点不再写稿之后，生活变得非常轻松。

→正因为你是踏实、可靠的人，有时候才越应该让自己放松下来。

## 真正去想他人所想

常常有人认为自己能做到的事情他人也能做到，并且也应该做到。

结果因为不明白他人为什么做不到而愤愤不平、心烦意乱，还有人会怒斥他人："你看我，不是做得很好吗？我就是活生生的例子，说明这件事可以做到。连我都在努力完成，你为什么不努力呢？"

以前我就算嘴上不说，也有几次焦躁的时候，在心里想："我能做到的事情你却做不到，真是的，在想什么啊！"

有一段时期我极易生气，尤其是遇到在车里向外面扔东西的人时。我需要拼命压抑自己的情绪，才能不捡起被扔出来的东西，跑到因为红灯而停下的车子旁边，把东西扔回去，冲里面的人说一句"你东西掉了"。

多亏有过几次焦躁的经历，我在某一刻意识到每次都为这种小事而焦躁真是太傻了。

解决方法非常简单。

不是冲着从车里向外面扔东西的人大喊"你在想什么"，而是真正去想象那个人究竟是怎么想的。

刚开始，我的结论是，那个人没有遵守公共道德以及没有考虑会给别人添麻烦之类的事情，等到上了年纪，我渐渐能够更进一步想象他人的心情和想法。

"可能那个人家里没有垃圾桶。"

"可能那个人觉得垃圾就和粘在衣服上的线一样，就算扔在路上也没关系。"

想着想着，我开始同情那些人了。这种想象改变不了他人的坏习惯，不过可以将我们对其他人的愤怒变成怜悯。

### ★别人有别人的难处

这种思维方式同样适用于当你觉得自己能做到的事

情别人也能做到的时候。如果你因为别人做不到而生气，可以试着想象他做不到的原因。

能立刻想到的原因有以下几个。

"那个人和我不一样。"

"他可能失败过很多次，明白自己做不到，已经放弃了吧。"

"或许他现在还有别的事情要做，就算想做这件事，也要往后放。"

我在超市里见过母亲怒气冲冲地对孩子大喊："你为什么不听我的话？"

这时我就会想起过去的自己，在心里默默露出笑容，心想："这位妈妈，你真的想从孩子嘴里听到他不听你话的理由吗？就算他说了，你肯定也无法接受吧。可是孩子也有他不听话的理由。"

当然，我觉得与"你要听我的话"这种命令式的说法相比，"你为什么不听我的话"这样的疑问句还比较容易接受。

命令具有强制性，表明不允许他人提意见，是独裁者的做法。父母老了之后，就轮到孩子提出各种各样的命令了，比如"少吃点甜食""思想要积极一点"。

孩子不会按照父母说的样子去做，而是会按照父母做的样子去做。

**★只要去倾听，理解别人其实非常容易**

另外，如果看到磨磨蹭蹭的人会火大，忍不住想说"你做事为什么不能麻利一点"时，可以想一想他为什么做事磨蹭。

或者直接温柔地询问对方本人。就算得到的答案无法让你满意，也会了解其认为正当的理由。

努力体谅对方心情的行事方式，对我们在日常生活中保持内心平静能起到巨大的帮助。

　　→越是"无能"的人，越有可能成为你的老师。

## 忍不住感到焦躁的根本原因

内心焦躁时,心跳会变得很快,并在意想不到的事情上变得匆忙,就好像焦躁拥有加快时间流速的力量。

既然如此,那么常为一件事情感到焦躁的人,内心也会加速老化吧。如果内心老化加速,那么身体的老化也会随之加速吧。如果你想长寿,最好还是不要焦躁。

焦躁的原因有很多,但是归根结底是因为事情没有按照自己的想象发展。

如果不想焦躁,就要减少只从自己角度着想的程度(欲望),如果你掌握了在任何情况下都能减少只从自己角度着想程度(欲望)的方法,那么想没有新的领悟都难。容易焦躁的人能够做到的,就是在每一次面对焦躁

## 第3章　如果你不由自主地焦躁

情绪时，尽量保持内心平静。

举例来说，在超市收银台前排队，队伍迟迟不动会让人焦躁，你有时候也会想探出身子看看前面发生了什么吧，或许还有人会睁大眼睛去看收银员是不是打工的学生，胸口有没有带着"培训中"的牌子。

可是在这种情况下，让你感到焦躁的原因并非队伍迟迟不动。

队伍不动是事实，就像抱怨今天的天气差一样无济于事，因为事实而生气是无济于事的。焦躁的原因在于你只从自己的角度想问题，希望队伍尽快移动，让自己快点排到。

我在发现队伍迟迟不动的时候，会从最边上开始观察身边的商品。哪怕只是看看点心，就有可能发现自己没注意到的新产品；哪怕只是看看面粉，都能因为种类的多样而感到吃惊。

这样一来，我甚至会希望队伍移动得再慢一些，让我好好看看更多的商品。

### ★在羡慕变成嫉妒之前

羡慕有可能成为焦躁的原因。

我曾经羡慕过他人所在的面积更大的寺庙。如果要举办活动，那里有更宽敞的寺院，能举办更多葬礼和法事，能够获得更多维持寺庙运营的经济收入。

就在那时，我读了《角川近义词新词典》中对"羡慕"词条的解释后恍然大悟。注解中写着："羡慕是自己想达到他人现在所处状态的心情，嫉妒是希望把他人从高处拉下的心情。"

我羡慕他人所在的更大的寺庙，是希望自己的寺庙也能变成那样，所以没有问题。

我没有愚蠢到不明白自己要为此付出努力，但却不想付出努力。

仔细想想，院子大了，打扫会更辛苦。葬礼和法事多了，就会失去属于自己的时间。想了这么多之后，我就不再羡慕他人所在的面积更大的寺庙了。

如果你羡慕别人，只要朝着自己的目标努力就好。

虽然努力也不一定能达到别人的高度，但有一点是确定的，如果只羡慕不努力，那么现状不会发生改变。

如果不努力只羡慕，那么羡慕最终会变质，变成嫉妒。嫉妒会带来焦躁，认为既然自己无法变成对方的样子，那就把对方拉下来吧。这是很可怕的事情。不要小看焦躁情绪，有没有合理处理焦躁情绪，关系到你是会变成更消极的人，还是拥有更加平静的内心。

→让焦躁成为自己的精神食粮。

## 接受失败、宽容他人的智慧洞见

有很多老年人到寺庙里来,并不约而同地表达自己不想变老的想法,他们会为我加油,对我说"住持你还年轻,真好"。

"虽然年轻,但我也60多岁了啊。"听了我的话之后,老人们会说:"但你还是比我年轻啊。"这件事让我明白了人没办法客观看待事情,并且面对大多数事情时会以自己为标准。

老年人所说的不想变老,是在惋惜自己的精力、体力和记忆力不如年轻的时候好。

他们只提到了上年纪的坏处。

正如俗话说"三个臭皮匠赛过诸葛亮",我们不能仅从一个方面来理解事物的本质，而是需要从多个方面来把握。

我认为承认自己上了年纪而非盲目羡慕他人年轻是一件了不起的事情。

**★上了年纪后，能够接受的事情变多了**

还有一种观点关注的是上了年纪的好处。

以前，有人听到同事告诉自己"科长说你工作太慢"，就会把这句话放在心里，甚至夜不能寐、哭湿枕头。

可是随着经验的积累，就算再听到"部长发牢骚，说你工作做得太细，太浪费时间"的闲话，也能轻松地一笑而过，在心里想想："那个人从当科长的时候就喜欢按照自己的节奏评价别人，总是抱怨。随时随地抱怨的人还没有注意到否定别人会让自己越来越痛苦，仔细想想，他也是个可怜人啊。"

这就是上了年纪的好处。

认清上了年纪的好处后，我相信"上了年纪后，能够接受的事情会变多",并且把这句话写在纸上贴在桌前。

上了年纪意味着亲身经历过很多次失败,亲眼看到过很多次别人的失败。过于敏感容易导致内心纠结,无法与人和谐相处。即使是没有这一问题的人,岁数大了上了年纪也可能通过自身经验或观察他人经历,意识到过于敏感的负面影响。也就是说,上了年纪就能发现"过于敏感"中隐藏的坏处。

因此,我认为如果一个人上了年纪之后还不能宽容地接受别人的失败,就有点可惜了。

面对比你年轻的高中生、初中生、小学生和幼儿园孩子的失败,你应该能够宽容地对他们说:"是啊,这种事一不小心就容易做错了,我也犯过同样的错误。"

### ★一名少年的可爱疏忽

一个男孩和家人一起去家庭餐厅吃饭。那家餐厅很高级,桌上铺着洁白的桌布。男孩点了一杯橙汁,橙汁被装在一个漂亮的杯子里。

男孩有生以来第一次来到这么高级的饭店，因为紧张，他抬手的动作太猛，碰倒了杯子，白色桌布眼看着被染上了橙色。

店员麻利地帮他们换了新桌布，男孩默默地看着店员工作，母亲训斥他："这种时候该说什么！"

于是他想了想，口齿清晰地大声说："**我不是故意的。**"

这是我在广播里听到的一个故事，听到时我情不自禁地大笑出声。

我并没有感到气愤，不觉得这孩子缺乏常识，太不像话。我也有过无数次打翻果汁的经历，上了年纪之后，打翻果汁的次数就更多了。

男孩的父母平时可能告诉过他诚实的重要性。他说"我不是故意的"并不是在找借口，而是因为在他心里，说实话比道歉更重要。这是一个能够令人会心一笑的小故事。

你有没有随着年龄的增长，越来越能够原谅别人的失败，从而优雅地老去呢？

　　→能原谅他人错误的人散发着耀眼的光芒。

## 保持自己的节奏，从容生活

事物的特点是，极端化后更容易理解。

比如喜欢或讨厌，正确或错误，有趣或无聊，舒适或难受。当然，大多数事物不能归于任何一方，往往会根据情况发生变化。

现在让我们把人像磁铁的 S 极和 N 极那样分成两种，"总是慌慌张张，手忙脚乱的人"以及"保持自己的节奏，从容生活的人"。我自己希望能够成为"保持自己的节奏，从容生活的人"，然而在实际生活中却属于"总是慌慌张张，手忙脚乱的人"。

下面我为大家分别举出这两种人的特点。

总是慌慌张张，手忙脚乱的人：

## 第3章 如果你不由自主地焦躁

- 缺乏幽默感。
- 不懂得休息之道。
- 遇到任何事都会立刻找借口,不听他人的意见(因为倾听他人的意见会拖慢进度)。
- 觉得时间在流逝,认为"时间就是金钱"是金科玉律。
- 因为不想打乱自己匆忙的节奏,所以无法寻求他人的帮助。
- 认为"不早睡的话明天就起不来""喝酒就会烂醉如泥"的说法100%正确。
- 受到批评时会否定自己的存在价值。
- 不愿意挑战自己做不到的事情,会选择逃避(讨厌失败)。
- 将生活当成人生本身。
- 试图将有可能打乱自己快节奏的人排除在外,认可强行带领他人前进的行为。
- 不希望自己的节奏变慢,所以不会说"您先请"。

另一方面，保持自己的节奏，从容生活的人拥有和以上内容完全相反的特点，具体如下：

● 就算遇到艰难的状况，也不会失去幽默感。

● 明白着不着急都没有太大的区别。看得开，明白达到目的就是重点，很多事情无论急不急着做，在完成目标、到达终点前都不会有太大的区别。

● 会倾听他人的意见并作为参考。

● 认为时间不会流逝，而是会积累。

● 就算受到批判，也会将批判的内容和进行批判的人分开，因为能够单独看待内容，所以能够将批判的话语转变为珍贵的建议，并作为提升自己的依据。

● 活得精致且有耐心。

● 对做自己能轻松做到的事情感到放松，把做原本做不到的事情当作练习，坚持这样的观点并能积极面对挑战。

● 将生活和人生分开，将"为了生活做的工作"和"生存的意义"分开，重视与地位和金钱无关，只属于自己的生活方式。

- 不会强行带领他人前进，而是会引导他人，并且具备相应的实力。
- 可以说出"您先请"，比起自己，可以优先考虑别人。

大家想不想成为这样的人？试试看吧，人生很长，有很多时间用来挑战。

→想到就要去做！

## 像搭乐高玩具一样做事

社会似乎存在着一种共同认知,或者说是同调压力[①],即"让我们一起追求这个目标,为了实现这个目标,我们应该这样做"。

实际上,每个人都拥有自己的理想,却在不知不觉间和所有人共享了同一个目标,这就是社会风潮。

因为一对夫妻的共同目标是"两个人在一起获得幸福",所以两个人需要彼此磨合,共同朝幸福前进(现实中有的夫妻并非如此,不过这是理想情况)。

---

① 同调压力:指在特定的地区和群体内,多数人表达相同的意见后,少数人会选择沉默或者服从。——译者注

第3章 如果你不由自主地焦躁

当两个人组成一个家庭后，尽管生活在同一屋檐下，但两个人的目标不可能完全一样。一个家庭中一个人想变得有钱、变得出名，另一个人想做自己喜欢的事情，两个人的理想可能并不相同。

公司也会有好几种目标。比如赚取利益、为社会做贡献、将事业延续下去、为人类的进步做出贡献等，种类繁多。只有能够至少与公司共享一个目标的人，才能成为这家公司的员工。如果你不认可公司的目标，就只能辞职或者自己创业。

★拥有同一个终极目标的人会聚集在一起

志同道合的人会聚集在同一面旗帜下，并追求相同的志向。大家的终极目标是"成为无论何时、无论发生何事都能保持内心平静的人"，具体的实现方法因人而异。

据传，一休和尚所说的"山麓攀登道纷纷，高岭望月只一轮"指的就是这个道理。

无论是一对夫妻、一家公司还是其他，为了达成共同目标，就要拼上一块块拼图，最终拼成完整的一幅画作或者照片。

我在本节开头提到的全社会的共同认知、同调压力，就是想表达"大家一起来完成这幅画作（照片）的拼图"的意思。由于完成后的样子很容易想象，所以行事方法能够总结成指导手册，并且所有人都会按照手册内容采取同样的做法。

可是，也有不少人在"共同目标"的压迫下感到痛苦，认为自己被排除在外，认为另一幅画作或者照片的拼图更好。有人不适应指导手册上的做法，或者不想按照指导手册做事。

这样的人并非和大家不同，或者喜欢奇怪的事情，他们只是想按照自己的方法做事而已。

其实改变社会的人中，有不少所谓与众不同的人，我想今后也会由这样的人来改变社会。

**★想按照自己的方法做事时需要做好什么样的心理准备?**

按照自己的做法,尽微薄之力改变周围的环境,甚至改变社会,拥有坚毅的精神、高超的技术和宏大的理想自然是好的,但是当自己的工作、生活方式、梦想在遇到各种各样的情况碰壁后,有的人会变得愤世嫉俗、自暴自弃。

我有一位前辈说过:"以前,每个人都会变成一片拼图,大家共同完成一幅画作(照片)的拼图。可是现在,社会变化如此之快,在一幅画作或者照片的拼图工作完成后,会不间断地出现另一个目标。所以我认为,在今后的时代,如果大家可以变成搭乐高积木,做自己想做的东西也挺好。"

我深以为然,如果大家是在一起拼拼图,并能想到拼图完成后的样子,那么就算自己不努力,总会有别人帮忙拼上,所以会有轻松的一面。可是如果是搭乐高,就没有固定的成品形式,所以大家能够自由发挥，同时也没有人能够帮忙。据此，大家至少要做好心理准备。

→了解"拼拼图"和"搭乐高积木"的好处和坏处。

## 第3章　如果你不由自主地焦躁

### 配合节奏的艺术之舞

做一件事情如果需要两个人或两个人以上，就像两人三足的游戏，一旦有人不合拍，就会导致无法前进，甚至摔倒的情况。

恋人、夫妻、工作伙伴同样如此。

每个人都有自己的节奏，彼此节奏合拍还好说，如果不合拍，就需要有一个人配合对方，或者相互妥协，按照折中的节奏前进。

吃饭时，有的人不会细嚼慢咽，吃饭速度很快，如果他们和细嚼慢咽的人一起吃，就会提出各种意见，比如："在嘴里嚼那么长时间，不是全都变成流食了吗？"（我属于吃饭快的人。）

如果两个人一起出门吃饭，较早吃完的人需要等另一个人。吃完的人心里可能会着急，觉得对方吃得好慢，可能会生气地说："你吃快点"，也有可能会体谅对方，说出："抱歉，是我吃得太快了。你不要在意我，慢慢吃就好。"

有了经验之后，下一次和同一个人吃饭时，有的人就可以迁就对方的速度吃饭了。

另外，吃饭慢的人心里可能会想："就像田径比赛或者游泳比赛一样，慢的人就是没办法追上快的人啊。"他们甚至可能会轻蔑地想："你的吃法就是在吃饲料，对做饭的人很失礼。"也有人会感到抱歉，说："对不起，我吃得有点慢。"

吃饭快的人可以减速，但吃饭慢的人需要非常努力才能跟上吃饭快的人。有了经验之后，吃饭慢的人可能会在吃饭前给对方打一针预防针，说："我吃饭比较慢，还请谅解。"

无论是做事快的人配合慢的人，还是做事慢的人配合快的人，都需要练习。

做事速度快的人要想配合做事速度慢的人，就不能产生要尽快结束的想法。练习的时候要做好这方面的心理准备。

做事速度慢的人配合做事速度快的人时，常常会出现失误。以吃饭为例，追赶他人速度就无法充分享受美味。练习时同样要做好心理准备，坚信就算犯错也没关系。

无论如何，你有你的节奏，他人有他人的节奏，只要理解了这一点，就能相互尊重，并且能够体谅他人，为配合他人做出一份努力，以两人三足的形式顺利前进。

### ★渴望按照自己的想法说话

有的人认为配合他人就无法发挥出自己的实力，遗憾的是，如果将没有发挥实力的原因归结到对方身上，那你就无法成长。

以前，有一位播音员从日本放送协会（NHK）跳槽到民营电视台，以为总算可以摆脱死板的规矩，能够自由地说话了，然而实际上并非如此。

"不能自由地说话不是 NHK 的错,而是我自己能力不足。"(这是那位播音员亲口对我说的话。)

如果你因为配合他人而无法发挥自己的实力,或许是因为你自己本来就不够优秀。

只要有上进心,坚持磨炼自己,就能从容地配合他人。

→重视自己,同时尊重他人。

## 将身边的缘全部为己所用的秘诀

雨滴落在水池中会形成涟漪。当数不清的雨滴落在水面上时,每一滴都会产生涟漪,涟漪相互重叠、相互影响。在这个世界上,我就像一滴雨滴,我形成的涟漪会产生影响力,和其他人以及社会形成的涟漪相互碰撞,彼此影响。

落在远处的雨滴形成的涟漪与我们形成的涟漪交错,相互影响后,我们自己的人生也会发生改变。

无论我们期望与否,这份改变都会发生。我们所产生的涟漪不会像物理法则一样按照计算的方式,如预期一样扩散到水池中。这就是诸行无常(世间万物都会发生变化)。

正如前文中提到的那样，因为我们常常误以为现在的状态会永远持续下去，所以常会被变化扰乱心绪。如果你不想再次叹息"事情为什么会变成这样"，就应该尽快认识到缘分的聚散会让结果不断发生改变这一法则。这样一来，你就能尽早翻越叹息之墙。

**★以吃饭这件小事引发的结果为例**

前文中已经提到，缘分如同扭蛋一样。一颗扭蛋被转出来后，扭蛋机中的其他扭蛋会在摩擦和重力的影响下，准备好下一次会落下的扭蛋。

很多情况下，我们并不知道下一次会落下哪颗扭蛋。

比如，吃饭之后会发生的事情有无数种可能。

举几个例子：①吃得很饱；②从刚才吃过的菜开始谈论美食；③因为饭菜没有想象中的好吃，你抱怨了几句，结果对方提醒你吃饭的时候不要抱怨，于是你们吵了起来；④食物过敏，身上很痒；⑤变胖；⑥去厕所，等等。我们不知道会发生哪种情况。从吃饭这个缘开始可能产生的结果数量众多。

**★小才、中才、大才利用缘分的不同方式**

江户时代柳生家的家训是"小才者，遇到缘却未察觉缘；中才者，察觉缘却未能利用缘；大才者，能够利用邂逅的缘"。

漫不经心或者忙得不可开交的人往往注意不到降临到自己身边的缘分。他们看到优秀的人时只会默默想一想"他好优秀"，遇到讨厌的人时也只会觉得"他是个讨厌的人"。我感觉这一类人喜欢把"反正××"挂在嘴边。

相对认真生活的人会思考"那个人究竟什么地方优秀，我为什么讨厌那个人"，但不会深入挖掘自己关于好恶的价值观，不会反思自己的价值观是否合适。这类人的口头禅是"那种事太麻烦了"。

充满活力的人在遇到优秀的人后会采取行动，希望自己能够具备同样优秀的品质；将自己讨厌的人当成反面教材，思考"我不想成为那样的人，为此我该做些什么",并且采取行动。从这个角度来说,能够利用缘分的人,可以将任何事情当成自我成长的养分。

人生中发生的事情、遇到的事情没有任何一件是无用的。人们常说的"人生中没有无用的经历"就是这个意思。

随着缘来缘往,人生无时无刻不在发生变化。我们不知道会遇到什么样的缘,不知道该如何利用缘带来的结果。

可是我们能够利用自己遇到的缘。

因此,拥有一颗享受变化的心就好。只要能够灵活、从容地应对变化,那么你遇到的所有缘分就都能成为你可以信任的机遇或人际关系。今天,你发现身边的人和自己有什么变化?能不能利用这份变化呢?

→**不要忽视"享受变化的心"。**

# 第4章

# 有时候需要释然

# 第4章 有时候需要释然

## 更加淡然地面对他人和自己

商务场合有指导手册,教导不同年龄层的商务人士应该重点做什么。

20多岁的年轻人有充足的时间和体力,所以在这段时期应该专心工作、读书,养成讲究穿搭和美容的习惯,考取资格证,把精力花在为自己投资上。

当然,投资需要遵循回报原则。投入了时间、金钱和体力后,如果无法有所收获,就算不上投资。20多岁的年轻人为自己投资的好处在于能够长时间享受获得的回报。

到了30多岁就需要在人际交往和拓宽人脉上下功夫了。在这个时期,重要的是利用20多岁时掌握的知识,与社会中各种各样的人产生联系，掌握多种多样的思维方式、价值观和应对各种事情的方法。

接下来到了40多岁，需要面对的问题是自我构建。

我不知道有多少人会在自己所处的年龄阶段有意识地按照上面提到的方式生活。可是就算只讨论结果，能够在网上轻易看到前辈们积攒的经验同样是一件值得感激的事情（让我感到失望的是，我看到的人们在60岁之后的自我投资信息大都是关于房地产投资和理财方面的内容。或许现实很残酷，60岁之后就算在自己身上投资，也很难期待回报，但我现在正处于60多岁的年纪，依然没有放弃通过在自己身上投资来获得内心的平静）。

★ **大家都在思考自己的事情**

我刚才提到了30多岁的人需要在人际交往和拓宽人脉上下功夫，可是如果在这些方面倾注过多的精力，在40岁之前就会出现一件非常糟糕的事情。

人际交往和拓宽人脉都需要展示自己，只有这样做

## 第4章 有时候需要释然

才能让他人记住自己。如果不能让他人记住自己,就无法得到工作机会,并且很难实现自我价值。但是,有的人只是因为收集了大把名片,或者成为大型组织的会员,就认为有很多人认识自己了,结果成了过度自信、自我意识过剩的人。

然而,无论是家人还是朋友,只要是过着正常生活的人,每天思考别人的事情的时间就不会超过十分钟。

尽管你希望别人每天花两三个小时关注你,但别人并没有这样的义务,也不会有这么多时间。

**大多数人都在思考自己的事情。**

在社交软件上,我们会关注发布某些特定领域信息的人。可是就算你发布信息想要吸引人们的关注,用户依然会搜寻更有趣、更有用的信息。只要你无法持续提供有趣、有用的信息,他人就会厌烦。当关注你的人达到几百、几千人的时候,只是为了满足他们的期待,就会让你肉眼可见地筋疲力尽。

就算扩大了人际交往,人脉得到了积累,别人每天关注你的时间依然不过几秒钟而已。不难想象,如果你依然认定别人在关注你,并在与人交往时迎合他人,就很可能身心都受到伤害。

为了避免这种事情发生,与人交往时还是淡然一些比较好。

### ★自我是需要花时间构建的

到了40多岁,需要面对的问题是自我构建。大家应该关心自己是什么人,想要成为什么样的人。同样,如果太过投入,就会如同在迷宫里徘徊。我此前也见过几个寻找自我的人,可是无论他们怎么努力寻找,依然看不到真正的自己,因为真正的自我本来就不存在。

"自我不是发现的,而是需要花时间构建起来的"。模糊地说,人只有到了40多岁,才能逐渐构建起自我。我认为在此之前,与自我相处时可以保持一种冷静的态度。

除了一部分圣人,大部分人最重视的都是自己。

可是如果过于重视自己,过度执着于自我,就会限制我们的心灵和对世界的认知,就像一片广阔的天空无法让鸟儿自由地展翅高飞一样(对于使用威胁的措辞表示抱歉)。

淡然而轻松的生活方式才是让人感到舒适的生活方式。

→不要执着,要轻松地生活。

## 未知的旅程：勇敢应对生活中变幻的风景

我们总会遭遇一些未知的事情。在幼儿园孩子的眼里，小学的朋友数量和学习内容都属于未知的领域。对于未成年人来说，成年是人生新阶段的入口，伴随而来的，是他们没有承担过的责任，结婚、成为父母，同样是人生第一次的经历。新冠疫情的流行同样是如今生活在世界上的人此前没有经历过的。

遇到没有经历过的事情时，我们既会感到兴奋和期待，也会因为不知道怎么处理而感到不安和手足无措。

此外，我们还会因为已知的事物突然出现而感到惊讶，因为未知的事物突然出现而感到敬畏，因为未知的事情逐渐显现而感到恐惧。

## 第4章 有时候需要释然

跃跃欲试、兴奋不已会让我们感到开心，但问题在于未知事物出现时感到恐惧和惊讶的情况，即意外事件发生的时候。因为我们不知道自己的应对方式能不能顺利解决第一次面对的情况，所以会因为自己有可能没办法应对而感到不安。

应对意味着需要恰当地处理一件事情，大家不需要觉得应对意外情况的方法只有"恢复正常状态"这一种，其实还有很多其他的处理方法。

第一种方法是忽略。虽然已经确定是意外情况，但是如果问题不大，就可以把事情抛诸脑后。比如做饭时把盐当成了糖，或者因为自己没有时间，请别人帮忙办事，对方没有答应。针对这种情况，我们和对方都不是故意的，所以就算我们不高兴也没有办法。

第二种方法是选择忍耐，并想出应对方法。我自己就是用这种方法应对新冠疫情的。面对台风、洪水等自然灾害时同样可以使用这种应对方法。在忍耐的过程中，需要认真思考为了不被感染（不受到伤害）需要怎么做，如果感染了（受到伤害了）该如何是好。

**求助也是一种方法**。如果自己不知道该怎么做才好，可以询问他人的意见，并向他人求助。比如，第一次开车发生事故时就可以使用这种方法。

如果事故造成的伤害无法挽回，可以**做出应对此类事故的方案，避免下次发生同样的事故**。这也是一种应对方式。墨菲定律中有一项，即面包掉在地上时，涂了黄油的一面着地的概率与地毯的价格成正比。这项定律在提醒我们注意拿稳东西的同时，还提供了具体的应对方法（应对涂了黄油的面包和地毯问题时，可以选择不涂黄油，或者在没有铺地毯的房间里吃，再或者选择便宜的地毯等）。

### ★人类甚至找到了应对死亡的方法

如果没能顺利处理事故，给其他人添了麻烦，只能采取以下三种做法：①道歉；②发誓自己以后会注意；③用行动弥补（受到伤害的人是否原谅是另一个问题）。

## 第4章 有时候需要释然

我们在活着的时候无法经历死亡。江户时代后期的文人大田南亩认为死亡同样是意料之外的事故。

据说他留下的辞世之句是:"直到现在,我一直将死亡当成别人的事,只有死亡我无法接受。"

**就连面对死亡这种无法解决的问题时,人类都想过很多种应对方式。**比如相信天堂、净土之类的存在,相信转生,做好心理准备,接受人必然会死亡等。

只要放宽心,认识到人固有一死,就不会出现我们无法应对的事情,安心生活就好。

→不要太担心。

## 跳下"烦恼旋转木马"的方法

因为只要采取行动,就能改变现状,所以从结果来看,现在的状态一定会发生变化。

只要主动打扫杂乱的房间,环境就会改变,房间会变得整洁。如果去店里打工,就能看到以前作为客人看不到的事情,并为客人随心所欲的行为感到目瞪口呆。这就是视角的改变。

我们自己也可以发生改变。因为不想对自己说谎,所以会坦率地告诉别人"睡得太晚了早上会起不来""不快点完成的话以后会有麻烦",但是你有可能会得到"希望你能理解我想晚些起床的心情""希望你能理解我想拖延的心情"之类的回答。

于是有人会意识到，100%正确的话基本上都派不上用场，虽然明白不对自己说谎是好事，但是任何事情都不留余地地说出来并不好（如大家所想，这就是过去的我）。

"只要行动就会改变"，作为鼓励那些感到困顿无助而无法行动的年轻人的话语，这句话广为流传。"只要行动就会明白"同样为很多人指引了方向，督促他们采取具体的行动。

对于不知如何是好的人，我现在依然会将这两句话写在明信片上，并且贴一张可爱的贴纸送给他们，贴纸会指引他们迈出第一步。

**★不要将"烦恼"和"思考"混为一谈**

就算想要踏出第一步，依然有不少人会犹豫不决。我发现有很多人注重安心和安全，做任何事情都十分谨慎。或许是因为在此之前，他们一直小心翼翼地走在人生的道路上，所以并没有遇到什么重大的危机。

可是"烦恼"和"思考"不同。虽然二者都是为了寻找解决问题的出口，但迷茫的人有时明明好不容易来到了出口附近（只剩下采取具体行动），却会再次犹犹豫豫地后退两三步。

我认识一位女性，在换季时去店里挑选新衣服，最后挑到了几件备选的衣服。可是在考虑好款式、价格，是否能和现有的衣服搭配后，她却在即将购买前犹豫了，最终没有买成，空手而归（如大家所想，她就是我的妻子）。

明明只要做了决定就能离开出口，却在出口前犹豫，最终回到原地，我把这种现象称为"烦恼旋转木马"，这是顾虑太多、思考太多时会发生的现象。如果你因为戒备心太重而烦恼，最终将无法前进。

另外，"思考"指的是认真考虑前往出口或者从出口离开的方法。

我的目标就在出口的那边，就在石桥的另一端。如果你真的想去那里，而且必须去那里，就鼓起勇气，大步迈向出口，或者过桥，没有其他选择。

在思考后，面对"做还是不做""选这个还是选那个"之类二选一的局面时，我会选择掷骰子做决定（我确实为这种情况买了骰子）。到了二选一的地步，无论选择哪一种都有好有坏（因为二者都是我们用天平反复衡量过的）。

既然如此，无论选择哪个都一样。**相信自己的选择就是正确答案，勇敢向前就好。**如果不愿意选择，就要做好心理准备，成为"烦恼旋转木马"的常客。

无法采取行动是因为目标不明确、缺乏自信，且无法下定决心。其实我们的行动原理很简单，"只要下定了决心就能采取行动""不做决定就无法采取行动"。

→相信自己的选择就是正确答案。

## 重要的是哪怕花时间,也要自己做决定

我们每天都要在生活中做出很多选择。

差不多该起床了吧?还睡着呢?早餐吃什么?要用多少牙膏?从这些日常琐事开始到工作的选择,比如今天的工作从哪件开始做起,今天做到什么程度?休息日如何度过?和谁一起去哪里做什么?有些决定还可能成为今后人生的转机。

就像我在前文中说过的那样,在多个选项中,自己的选择究竟是正确的还是错误的,只有时间能证明。因为不知道结果,所以只能相信自己此时的判断,并坚定地向前走。

为了不要为自己所做的决定后悔,就像我将要在后

文中提到的那样，在做决定时要遵从自己的内心。

这样一来，就算你的决定在之后被证明是错误的，在大多数情况下，也能果断放弃，明白当时自己只能选择这条路。

尽管如此，我们依然会烦恼，不知道该不该做，不知道该选 A 还是 B。另外，也有人会在百般犹豫后，在即将得出结论时重新退回到选择的迷宫，迟迟无法从"烦恼旋转木马"上下来。

尽管知道自己优柔寡断、缺乏魄力，却依然一次次犯错（如果你是这样的人，请再看看我说的"正确与否只有时间才能判断"，否则你将永远无法从"烦恼旋转木马"上下来，无法走出选择迷宫）。

### ★犹豫"该选择哪一项时"的思考方式

在迟迟无法做决定的人中，有的人不相信自己的判断，一味地害怕自己做出错误的判断造成混乱，想不到"如果错了，只要想办法处理就好"，结果做事畏首畏尾。

虽然自己当下的决定是否正确只有事后才能知道，但他们不相信自己当下的决定做得对，所以会征求别人的意见，会听到支持自己想法的意见，也会得到相反的意见。

无论如何，听取别人的意见，从其他角度验证自己的想法是非常好的做事方式。因为"三个臭皮匠赛过诸葛亮"，所以尽可能从多个角度看待一件事情，就会减少错误。

可是听了众多宝贵的参考意见之后，只能把它们作为参考，最终做决定的人还是自己，不，准确来说是"能够做决定的人"只有自己。明白这一点后，我甚至为自己写了一句座右铭，"由自己创造内心的晴天"。

**没有人能为你自己做决定。**就算以"不是我决定的，是因为那个人这样说"为借口，最终决定按照别人的说法去做的人还是你自己。就算把责任推到公司身上，以"因为这是公司的方针"为借口，最终决定遵循公司方针的人还是你自己。

另外，当你因为犯了错害怕得想不出任何处理方法时，可以想一想如果是别人做了错误的选择陷入混乱，你会提出什么样的建议，想到的建议同样可以成为你在犯错时的处理方法。

重要的是哪怕花时间，也要自己做决定。这不仅能增加你的责任感，还能增强自我肯定感。世界经济的趋势和今天的天气不是你能决定的，但是几乎所有和你自己有关的事情，你都可以自己做决定，而且最好由自己做决定。

→不用害怕，事情总会柳暗花明。

## 学会舍弃，学会豁达

在上一节中，我提到几乎所有和你自己有关的事情你都可以自己做决定，并且最好由自己做决定。

现在我会告诉大家自己做决定时应该知道些什么，应该有怎样的心理准备。

从众多选项中选择一个，意味着放弃其他选择。

### ★一次次坚定信念，效果显著

提供午餐的饭店里会有"今日特价午餐"。如果是每个月去很多次的饭店，点餐时不会很难选择。有的人可以根据当天的心情，参考上一次点的食物，刚一坐下就对店员说"我要 A 套餐"。

可是当走进很少去的饭店时，不少人会在好几种选择中犹豫，也有人会犹豫很久，并对端来清水等着自己点餐的店员说："等我决定好了再叫你。"

在多种套餐中选择 A 套餐后，餐品摆在自己面前时，你会开始流口水。

就在这时，看到店员送到旁边桌子上的 C 套餐时，你又会动摇，觉得"他那份或许更好……"

如果你能将这份动摇当成做选择时的一个乐趣倒还好，可是夸张一点来说，"他那份或许更好……"的动摇情绪属于后悔。

所以当我需要在多个选项中选择一个时，我会坚定地告诉自己："这次我要放弃其他选择，选择这一个！"

★ **选择任何一个都不会有太大差别**

在生活中做了很多选择，过了花甲之年后，为了坚定自己的信念，并变得更加达观，我告诉自己"虽然我这次选择了这个，其实就算选择其他选项，也不会有太大差别"。

无论是尽情享用 A 套餐,还是大口享用 C 套餐,结果都吃到了美味的午餐,都填饱了肚子。与在离开饭店时愁眉苦脸地感叹"要是选 C 套餐就好了"相比,能够尽情地享用已选择的 A 套餐才能让人更加享受人生。

你有没有自信地做出舍弃,从而过得豁达?如果你不够自信,请再看一遍上一节与这一节的内容。

之后你就会明白,能够做决定的方法和无法做决定的原因,比你想象的简单得多。

如果你认为"道理我都懂,但是……",就会坐上"烦恼旋转木马"。

做原本做不到的事情叫作练习。请做好心理准备,明白做出选择相当于舍弃其他选项,在练习中前进吧。

→能意识到"做任何选择都可以"就完美了!

# 第4章 有时候需要释然

## 空海的处方笺：给无法适应目前所处环境的人

当你对自己目前所处的环境感到压抑、喘不过气时，最好的方法是改变环境，让它更适合你。

在职场上，我们可以通过和领导、同事、工会沟通来改变环境。在家里，我们可以通过开家庭会议来改变环境。上升到国家层面，我们可以通过选举等方式进行改革。

即使是改变自己都非常困难，更不用说改变传统的社会风气和地域特点了。

于是，跳槽、搬家、离婚（结婚同样是改变自己周围环境的方法之一）成为改变我们所处环境的选项。

## 别太着急啦

大学毕业后，我马上进入一所地方城市商业高中[①]担任英语老师。可是我被淘气的学生们捉弄，渐渐开始不信任别人，陷入精神困境。一年后，我就像逃跑一样地选择了辞职，成了一名僧侣，并希望自己总有一天能找到自己该做的事。然而之后的几年里，我都在为自己的无能而闷闷不乐。

可是时间是伟大的。后来我结了婚，成了三个孩子的父亲，并且现在成为一间寺庙的住持。当时的自我厌恶情绪已经渐渐淡化，只会偶尔闪回。

### ★空海的一句话消除了我的内疚感

进入40岁之后，我碰巧看到了空海[②]的作品，辞去教师职务后的内疚感一扫而空。

---

[①] 商业高中旨在培养企业经营者和专业财务人才，造就新一代的商业精英。——译者注
[②] 空海在日本文化史上具有非常重要的地位，被尊称为弘法大师。——编者注

## 第4章 有时候需要释然

朝廷把高野山赐给空海供他修行,空海晚年的大部分时间都是在高野山上度过的。在那段时间里,空海收到一封来自京都熟识的官员的信。

那名官员在信中说,因为领导刁难,他无法尽情发挥自己的能力,精神上受不了,觉得自己很难继续在京都当官。空海的回复如下:"有德行的人,一言一行不会发出刺眼的光让别人睁不开眼睛或者移开目光。为了造福他人,有德行的人会暂时让自己发出的光芒变得柔和,不提出异议,用浑浊的水洗脚,这就是和光同尘的境界。可是在你提出忠告和意见后,如果对方依旧不改正,反而恼羞成怒的话,无论是现在还是将来,这对你们双方都没有任何好处。**既然如此,只能或展翅高飞,或摆动鱼鳍游向远方**。"(《高野山杂记集》)

我辞去教师的职务并不是因为学生的恶作剧,我没能做到让自己发出的光芒变得柔和,和学生成为朋友。事实是我的指导能力不足,把自己逼入了绝境。因为当时的我没办法继续留在学校里,所以我"或展翅高飞,或摆动鱼鳍"，选择离开了那里……

到了40岁，我能够开解自己，也接受了没出息的自己。

还有另外一句改变现有环境的句子可以作为参考，它出自空海24岁时写的出家宣言《三教指归》。空海带着一族人的殷切期待进入大学，可是才上了一年就退学了。《三教指归》写的正是他退学时的想法。"因为大学辍学，我无法报答生我养我的父母的恩情。可是小孝是努力做事，大孝是慈爱世人（我以佛道为目标，是大孝）。"

通过设定更大的目标，我们能够找到改变环境的正当理由。与指导学生相比，我设定了让更多的人了解佛教的目标，这让我摆脱了辞去教师职务的内疚感。

当你觉得自己无法再处于当前状况时，不要认为自己在"逃避"，而是考虑"离开这个地方以实现更大的目标"，这样你的心情就会变得轻松。

→学习让一切圆满的魔法咒语。

## 撒下失败的种子，孕育成长的果实

有人认为烦恼的意思是"不好的情绪"，其实并没有那么笼统。我认为烦恼是会妨碍目标实现的情绪，是"无法让内心保持平静的情绪""扰乱心绪的情绪"。

举例来说，把今天能做的事情拖到明天，在烦恼的分类中属于懈怠、懒惰。如果因为忙碌而产生逆反情绪，觉得既然可以明天再做，今天就不做了，从而能够悠然自得，不会觉得心乱，那么这样的懈怠就不是烦恼。然而，如果事后感到后悔，觉得果然还是应该在那天尽快完成，导致内心无法平静的话，那么当初的懒惰就会变成当下的烦恼。

当你只是想要偷懒且并没有造成太大的后果时，烦恼就还是一颗种子。当真的偷了懒后产生问题，内心无法平静，就变成了烦恼。这让我联想到不知是谁说过的名言："欲望可以有，但是需要付诸行动。"

法相宗（如日本有奈良的兴福寺和药师寺等）是专门分析扰乱内心平静的烦恼的宗派。虽然烦恼的种类很多，其中包括"无惭"（无羞愧之事）和"无愧"（无愧疚之事）。惭和愧都表示羞耻，但因对感到羞耻的事情不同而有所区别。

**惭是对自己感到羞愧的情感**，常出现在做了明明知道不能做的事情时。

**愧是对他人感到羞愧的情感**，日语中的"羞耻"几乎都指的是愧。大人们口中的"在别人面前做出那样的事，你不觉得羞耻吗？"指的就是愧。

羞耻感会扰乱心绪，不过心乱可以让我们领悟到内心的平静。通过烦恼达到开悟状态，就是"烦恼即菩提"。

★**感到羞耻本身非常了不起**

无惭无愧，感觉不到羞耻的情绪相当糟糕，因为这

## 第4章 有时候需要释然

会成为助长其他烦恼的力量。因为我们从自身经验上了解到这一点,所以会说做了坏事也不在乎的人不知廉耻。

**感到羞耻是非常好的事情,是重要的事情。失败、白费功夫,觉得对不起自己和别人,这些感受在调整我们人生道路时会起到微小的作用。**

我们无论在学校还是步入社会,都会学习取得成功、让事情顺利进行、避免失败的方法。其实,从失败中学习同样是一门学问。

**可是因为大家只会培养避免失败的能力,所以有不少人在步入社会时不知道该如何处理失败。这样的人为了掩盖自己的失败,会拼命找借口或者破罐子破摔,从而引发嘲笑。**

事实上,当你失败了给别人添了麻烦之后,处理方法非常简单,那就是道歉,说一句对不起,接下来表明自己的努力目标,比如下次会注意,或者会努力不再失败,然后用行动证明自己。事情就这么简单。

重要的是在执行这三个步骤时你有没有表现出诚意,

有没有认真执行。

虽然不知道对方会不会原谅我们，但是我们能做的只有这些。因为是否原谅是对方的事情，我们无能为力。不要停留在失败的状态上，要想办法从失败中创造些什么。如果没有创造的想法，就是无惭、无愧。

→学习让未来变得更好的小习惯。

## 缘起三年，情绪转变

三是一个稳定的数字。骑两个轮子的自行车会因为失去平衡而摔倒，但骑三轮车就不会倒。

俗话说"有二就有三"，两次尚不稳定，重复三次后就能稳定下来，这是结合了统计数据和信仰后诞生的格言。

日本有句谚语叫作"佛的笑脸只有三次"，意思是失败不超过三次就不会受到惩罚，但再宽容的人也只能原谅三次失败。

我作为僧侣，参加祭奠亡者的仪式时，切身体会到在人死两年后举行的三回忌上，遗族的情绪会发生显著的变化。

我们习惯把最想说的话放在最后。比如父母对孩子说："虽然你是个温柔的孩子，但是学习不行啊。"后半句话中藏着父母想说的话，那就是"你要努力学习"。"你虽然工作做得不错，但是总喝酒"的意思就是"你要是不喝那么多酒就好了"。

如果改变语序，对方听到后的感受就会完全不同。"虽然你学习不行，但你是个温柔的孩子""那家伙虽然总喝酒，但是工作做得不错"。

在三回忌之前，遗族经常在回忆亡者后说一句"但是人已经死了啊"。我认为说出这些话的人还没能顺利与亡者告别，所以会着重安抚他们的情绪。

可是到了三回忌，很多人已经接受了亲人去世的事实，会以"死去的××……"开头。听到这样的话，我就不会将重点放在安抚遗族失去亲人的痛苦上，而会将重点放在告诉他们如何才能在生活中保持内心平静。

为什么三回忌拥有这么大的力量，能够改变遗族的情绪呢？

我的父母和兄长已经去世,根据我自己的经验,我相信不仅是因为记忆随着时间的流逝逐渐模糊,更是因为在过去的两年里,遗族已经在失去亲人的情况下,度过了四季和季节性活动。第一年他们会感到寂寞,想到"去年过年,我们还一起吃了年夜饭……""去年,我们还一起看了烟花……"经历过两次之后,人们终于能够接受亲人死亡的现实。

### ★ "石上三年"有其根据

从这些事情来看,"石上三年[①]"的说法有其合理的依据。第一年结束时我们还不明所以,第二年了解了情况,做起事来多了几分从容。到了第三年,终于知道了自己能在什么样的时间和场合发挥实力,并获得成果。

另外,前辈们要花好几年的时间学习控制情绪和努力工作,做到从容处理,在此过程中另一件重要的事情

---

① 日本谚语,意思是功到自然成。——译者注

是吃苦。吃过的苦会成为财富，让之后的人生更加丰富，这就是要趁年轻多吃苦的经验之谈。

在工作方面，很多事情要追求速度和效率，因此需要付出更多辛苦。多亏了辛苦付出，我们才能切身体会到人生不能全靠速度和效率。经验尚浅时，我们没办法坦率地接受别人的做法和想法。明明向着同一个目标努力，却会因为很多人和自己的路径不同而感到愤慨。可是如何与这些人磨合，或者明白自己无法与他们磨合，这些亲身体验才是我们的财富，因此才要趁年轻多吃苦。

认为"要忍受三年太荒唐""哪怕以后会成为有用的财富，但苦还是能不吃就不吃"的人，就算在明白"石上三年""要趁年轻多吃苦"有其根据后，依然不愿意改变现状。这样的选择也没问题，没有人能够阻止你，但是责任要自己承担。

→花费的时间、获得的经历不会背叛你。

## 第4章 有时候需要释然

## 摆脱内心的纠葛

我做住持的寺庙里供奉的是表情可怕的不动明王。他身背能烧尽烦恼的火焰，右手拿着斩断烦恼的剑，左手的绳子上绑着因为烦恼而动摇的心。

我对不动明王诞生的原因有以下的思考。

在古老的印度，释迦牟尼的弟子们应该会思考如何像释迦牟尼那样开悟，如何成为一个能够随时保持内心平静的人。

他们找到的行动原理是"心不动（不定）则无法行动"。如果不是真心想要悟道，就无法迈出第一步。反过来说，之所以无法采取行动是因为没有下定决心。

下定决心后，剩下的只有行动。这正是充满活力的不动明王象征的含义。

在不知道如何是好时，我会进入正殿坐在佛像前，点一根长 20 厘米左右的香，然后静静地坐在那里。

有趣的是，在静坐时，我会下定决心，决定采取行动或者放弃。有人或许会说这是不动明王的恩惠，但是我认为不动明王只是激发了原本存在于我心中的，做出决定的勇气。

**★只要知道自己想变成什么样的人就好**

另外，要想下定决心采取行动，目标不可或缺。

我的座右铭之一是"没有目标就无法忍耐"，为了朝着目标努力，需要做好两种类型的心理准备。

第一，虽然想做，但是要忍住不做。以减肥为例，就是想吃但是要忍住不吃。

第二，不想做，但是必须强迫自己做。本来想好好睡一觉，但是要工作，所以就算不想起床也要强迫自己起来。

## 第4章 有时候需要释然

虽然写成文字似乎很复杂,其实非常简单。

"只要有目标,就能下定决心,采取行动,然后为了达成目标,就会坚持不做不能做的事和做不得不做的事。"只要明白了这一点,就可以说做好了朝目标前进的准备。

忍耐大多数时候意味着压抑自己、忍受痛苦,为了达成自己的目标,忍耐是理所当然的。

问题在于那些和自己的目标没有关系的、非自愿的忍耐。

既然非自愿,当然没办法忍耐。

当然,在一些情况下如果不忍耐,就会被讨厌,或者被人恶语相向,有时会导致别人的目标无法达成,从而失去对方的信任。

这是因为别人的目标和你自己的目标之间存在差距,很多人或许会为了寻找二者之间的平衡点持续忍耐。

如果对方的目标和我的目标之间存在巨大的差距,我会没办法忍耐,并因此对了解我脾气的人说:

## 别太着急啦

"人生苦短，我不能在忍耐中生活。"

"我还没那么不幸（落魄），不需要过分忍耐。"

"我不是为了忍受这么多才出生（活到这把年纪）的。"——我想，扔下这样一句有几分幽默的话还是能够被原谅的。到了不得已的时候，就只能丢下一句"这是我忍耐的极限，抱歉，请允许我离开"，然后离开需要忍耐的地方。

重要的是认真制定自己的目标。

→迷茫时，看看你有没有走在属于自己的方向上。

# 第5章

# 不一定非要黑白分明

第5章　不一定非要黑白分明

## 让每天都不后悔的小窍门

我有一位英语很好的前辈,他不仅在当地寺庙里举办坐禅会,还会在线上举办面向外国人的坐禅会。有一次,一名参加坐禅会的外国人问:"我们在人生中感到后悔,究竟是为自己做过的事情,还是为自己没做过的事情感到后悔?"前辈当时立刻做出了回答。

"后悔的本质不在于做过什么,也不在于没做过什么。后悔的本质在于做或者没做一件事情时,内心深处是否真正如此想。"

听了这番话,我为这番充满禅意、看透了本质的回答而感动。

感动意味着有感受并行动。从那以后,我经常在书中或者演讲中提到这句话，所以确实是有感受且有行动了（无论感触多深，如果没有采取实际行动，就不是感动，而是感慨）。

我们每个人都会有一些后悔的事情，无论大小。问问身边的人或者在网上查一查就会发现，年青一代有很多人会为明明不做就好了却还是做了的事情感到后悔。这就是所谓的年轻气盛。

年纪越大，越倾向于为要是做了就好了却没做的事情而后悔。就算下定决心要做，可是却因为体力不济或者剩下的时间不多而越发后悔。

如果后悔像心灵上的污点一样不抹去，一直想着如果没做就好了，如果做了就好了，那么心灵将永远无法获得平静。

过去的事情无法重来，不过只要换一种方法解释，就能减轻甚至消除悔意。

第5章　不一定非要黑白分明

★重要的是是否发自真心

"做或者没做一件事情时，是不是发自真心？"前辈的话给了我灵感。

首先，请带着轻松的心情回忆让你后悔的做过或者没做的事情。

如果你为做过的事情感到后悔，请想一想当时的自己和周围的情况，然后就能从心底接受当时的决定。"当时我的想法太天真、太浅薄了，也有几分自大，而且身边的人也总是鼓励我'不试试看怎么知道'，因此当时选择去做也是正常的事。"

为没做的事情感到后悔时同样如此。你可以这样想："当时我没有信心，也不知道万一出了差错该怎么办。身边的人都在阻止我，说些'如果失败了，你可负不起责任''你不做也会有其他人做'之类的话，当时我只有一个选择，那就是不做。"

无论做了还是没做，都是你发自真心，在做好心理准备后做出的判断。

也就是说，只要当时做好了心理准备就不会后悔。将这样的想法应用在实际生活中，就能清楚地知道如何在以后的众多决定中让自己不后悔。

在决定一件事情时，问问自己是不是从心底想做、想尝试，是不是从心底做好了放弃的准备。

我所说的方法并不是无稽之谈。就算遇到了让自己后悔的事，只要回顾做决定时的情形，从心底接受"当时是自己的想法太天真"，就能将对自己的精神伤害降到最低。

反复实践后，你就能变得不在心中留下悔意。

如果一件事让你从心底觉得有趣，请一定要尝试。我相信，这样的事情一定会成为支撑你心灵的强大力量。

→想要尝试的心情是无敌的！

# 第5章　不一定非要黑白分明

## 机会只会留给有准备的人

中国人讲究天时地利人和。

这个词的意思是当你想推动一件事却没有进展时，实际上有一股巨大的力量在促使你放弃。另外，这句话也可以用来解释事情进展顺利的原因。无论事情有没有进展都是以结论来论，所以找理由是合乎逻辑的。

这句话适用于处理各种大大小小的事情，能应对很多情况。

举例来说，每个人对时间的感知不同。

从年龄上来说，十几岁的人感觉一天很快就会过完，20多岁时感觉一周眨眼间就过去了，到了30多岁，一个月仿佛以超音速的速度流逝，40多岁的人能轻易地度过半年，50多岁时一年转瞬即逝，然后到了60多岁，时间将以10年为单位飞速流过。如果你去问不同年龄的人，大家都会表示同意，可见大家都有相似的感觉。

就算在同样的年纪，不同人遇到不同状况时，对时间的感知也会有所不同。有的人到了晚上九点就会觉得一天已经结束，也有人在晚上九点时依然活力四射。物理学证明了重力增大、速度加快则时间的流逝变慢，但我们心中也有一股神奇的力量在产生作用。

因此，就算别人催我们尽快完成，每个人对"快"的定义也有所不同。说话人的意思或许是"请在30分钟内完成"，但听的人可能会理解为"请在两个小时内完成"。

就算说话人为了避免意思含糊，清楚地表示"请在30分钟内完成"，不同人对做到什么程度的理解也会有所不同。有时，明明听了父母的话，在30分钟内打扫完了卫生，还是会被父母鸡蛋里挑骨头，指出还没打扫干净的地方。我在其他章节也有提到，不同的人对30分钟内需要打扫的程度理解不同，有人认为需要完成100%才行，有人认为完成 80% 就够了。

在工作中，我们不能自顾自地判断领导和同事口中的"尽快"和"需要完成"的内容。不过当我们自己催促别人时，我认为我们应当有一颗包容的心，并允许不同的人对时间感知和做事程度的理解不同。

### ★尊重别人的情况和时机

另外，每个人都有属于自己的最佳时机。每个人都说过"我想一会儿就做的……"或者"我现在有事在做（想做、要做），之后再说"，这就是典型的例子。

每个人都有自己的安排。

在扫地前打开窗户，风会吹起房间里的灰尘，几个小时都不落地，所以有的人会关着窗户扫地。

做饭时，每个人放芝麻油和胡椒调味的时机也不同。没有普遍适用的时机，有的是根据个人口味放芝麻油和胡椒的最佳时机。

因此，在设定了扫完地、做出美味的饭菜的目标之后，保持足够包容的心态，只要说出"细节的安排按照你自己的想法来做"，就不会感到焦虑。

尽管如此，有时他人并不会按照你的想法来做，并且无法到达你所期待的终点。这是因为你以为自己的做法和终点在他人眼里是正确的，其实他人并没有准备好配合你。只要准备好了，两人或许碰巧能够配合对方的想法并采取行动。

遗憾的是，对没有做好准备的人说什么都无济于事。

就像事情的良好进展需要天时地利人和一样，请大家记住机会只会留给有准备的人，在等待机会的同时，内心平静地与他人建立人际关系吧。

→在建立人际关系时不要起不必要的争执。

## 一切都在变化——不要执着于自己的风格

"你总是按照自己的想法做你要做的事情,这就是你的风格,对吧?"

"无论做任何事情,你都井井有条、按部就班地去做,这正是你的风格。"

或许有人会听到这样的评价。因为总有人在认真关注我们做事的方法。

如果"别人眼中你的风格"和"你自认为的自己的风格"几乎相同,那么完全没问题。

二者相同,指的是你按照自己的想法采取实际行动。

二者不同,指的是你明明有自己的想法,却并没有转化为实际行动。

别人是根据你的行为来判断你的风格的,因此如果你没有将自己的想法付诸行动,那么"你自认为的自己的风格"与"别人眼中你的风格"就会出现差异。

★有三种自己

为了能积极地生活,有一件事情大家最好能够提前了解,那就是"有三种自己"的思考方式。

第一种自己是"你心中的自己",比如:我以前一直认为我是个会照顾人的人。

第二种自己是"别人眼中的你",比如:虽然我希望照顾年轻人,结果却没有照顾到任何人,所以身边的人对我的评价是不太会照顾人的人。社会上只有第二种自己。

意识到"第一种自己"和"第二种自己"之间的差距,将自己想做的事付诸行动时,就会产生"第三种自己"。如果我不仅在脑子里想,还在实际生活中去照顾了年轻人的话,那么"第一种自己"和"第二种自己"就会合二为一，形成"第三种自己"。

当你为他人眼中的"第二种自己"与你心中的"第一种自己"形象完全相反而感到焦躁时，可以用下面这段话来疏导自己。

如果"第一种自己"是"真正的你"，"第二种自己"是"工作中的你"，那么这意味着你的自我认知与他人对你的观察存在一定的差距。此时，不需要纠结于保持别人眼中的你的形象，而是应该想："那就是'工作中的我'吗？完全没有意识到呢。"

★我们会给自己贴标签

除此之外，还有我们给自己贴的标签，即"我的风格"。有的人明明会在别人给自己贴标签时怒吼"不要随便给别人定性"，却并不在意自己给自己贴标签（第一种自己）。

万物会随着时间的流逝和各种各样的缘发生变化，不会一成不变，这就是无常。也就是说，真理就是任何事物都无法保持同一种状态。

因为"自己的风格"是逐渐形成的,所以不会保持同一种状态。小时候的你和长大后的你一定不同吧。

当你决定了"这就是我的生存之道"时,也要再加一句"目前的"才有意义。随着社会状况、发生在你身上的事情不断变化,你之前选择的道路有可能会走不通。

在《蚂蚁和蝈蝈》的寓言故事中,蝈蝈的生存方式是享受生活,随时都要愉快地生活,这个故事或许在告诉我们蝈蝈的生活方式有时会使我们走入绝境。①

我明白大家想拥有"自己的风格"。将自己陷入当前的境遇归结为没能发挥出自己的风格,多少能够轻松一些。

---

① 这是寓言故事《蚂蚁和蝈蝈》。故事如下:夏天真热。一群蚂蚁在搬粮食。它们有的背,有的拉,个个都忙得满头大汗。几只蝈蝈看到了,都笑蚂蚁是傻瓜。它们躲到大树下乘凉,有的唱歌,有的睡觉,个个自由自在。冬天到了,西北风呼呼地刮起来。蚂蚁躺在装满粮食的洞里过冬了。蝈蝈又冷又饿,再也神气不起来了。——编者注

## 第5章　不一定非要黑白分明

可是我身边并没有因坚持"自己的风格"而最终获得幸福的人。就算想要抓住处于变化中的东西,在抓到后也会发现,抓到的东西和自己追求的东西完全不同。所以还是不要拘泥于"自己的风格"为好。

→大前提是自己、社会、环境全都在变化。

## 自由地挣扎：处于钟摆式摇摆中的个体与集体

人是复杂的动物，忙碌的时候想要悠闲度日，闲下来的时候又蠢蠢欲动，总想做些什么。一直吃豪华大餐的人想吃朴素的食物，一直在饮食方面节制的人想要吃大餐。

一直处于持续相同的状态会感到厌烦，一直处于变化中会渴望稳定，因此，人的内心是复杂的。

这种来回摇摆，向往自己没有的东西的心理不仅仅出现在个人层面。社会价值观也像一个巨大的钟摆一直摇摆不定，一开始向右，接下来会向左摆动。

无法顺应变化的人就会进入"晕船状态"（或许可以说是"晕社会"），变得自暴自弃、爱抱怨，把"反正"

## 第5章　不一定非要黑白分明

挂在嘴边过没有活力的一生。

就近而言，经历过第二次世界大战的一代日本人因为战败，原本认为人应该为国家做贡献的价值观被颠覆。有的人用墨水涂黑了日本语文和思想品德教科书里的文字，而那些文字原本是他们生活的指针。

这一代人（我父母，甚至祖父母）见证了本以为正确的价值观的崩塌，陷入疑惑和迷茫的情绪中，不知道什么是正确的，只能在黑暗中摸索，他们的孩子也在没有人告诉他们"何为正确"的环境中长大。

任何时代、任何国家和地区都有没办法（不去）适应他人行为的人，到了20世纪60年代，这样的人的比例开始增加。

另外，如果每个人的做法都不相同，事情就没办法顺利推进。于是社会走向了喜欢制定"指南"的时代。只要有了指南，无论是教的一方还是学的一方都会感到轻松，因此这种方式现在依然很受重视。

然而，出于对重视整齐划一的指南式做法的反抗，呼吁个人自由的声音越来越响亮。我认为一个明显的例子是志村健的歌曲《乌鸦为什么叫？那是乌鸦的自由》在孩子们中大受欢迎。

随着"每个孩子都是这世界上独一无二的花儿""大家都不同，但大家都很好"的价值观的强大推动，社会价值观继续向重视个人自由的方向倾斜。随着经验的增加，认为"就算年龄和社会地位不同，每个人的关系也是平等的"的人甚至在对待领导时，都会对其命令的态度产生抵触反应。他们感受到尊重大多数意见的重要性，将其视为"同调压力"并发起反抗。

综上所述，人与社会的价值观就像一个巨大的钟摆，朝一个方向走到尽头时就会朝相反的方向摆动。

你父母的那一代希望有自己的房子，甚至不惜背上数十年的贷款。我的高中同学向我倾诉："我在40岁的时候买了房子，贷款要还30年，到退休都没还完。我好不容易买到的房子，孩子却说不想继承，去别的地方买了房子，真是悲哀。"

## 第5章　不一定非要黑白分明

最近，不少人不再为还房贷努力工作，而是选择租住公寓或者高层，他们能随时享受搬家的乐趣。而且越来越多的人出于对金钱为上的价值观的反抗，开始更加珍惜自己的时间。

**随着钟摆的晃动，人们对富裕的定义也在改变。**不能说哪一种价值观更好，只要社会的富裕能转化为个人的繁荣就好，但是富裕本身的定义，因不同的人、不同的国家和不同的时代也不同。

这就是"诸行无常"在社会中的表现形式。我希望能够将巨大的钟摆当成秋千，从容地欣赏周围的景色。

→以"始终保持从容"为目标。

## 没有明确目标的行为会让日常生活变得更加多彩

在开会或者商讨问题时,如果谈话的焦点不明确,偏离了开会的目的、内容发散,那么重要的是重新明确目标,修正轨道。

刚刚进入平成时代时,我担任过小学的 PTA 会长。小学每年都要举行由 PTA 主办的义卖会,目的是加强学校与地区之间的联系,加强家长与学校之间的交流。最重要的目标是为五年一度,由 PTA 主办的学校周年庆筹措运营费。

我负责的义卖会在秋天的一个星期日的中午举行,除去准备和整理的时间,只有三四个小时。为了这次活动,运营委员会在五一黄金周之后就开始准备,委托附

## 第5章 不一定非要黑白分明

近的居委会和企业参与协助，决定要开什么样的小店，并确定义卖会上商品的价格标准。要做的事情涉及范围很广。

如果在前来协助的家长中有人擅长这类工作的话，就能帮上不少忙，但大多数人都是外行。有些一开始只是因为孩子在附近的学校上学，出于无奈才来帮忙的家长，但在暑假结束后他们也渐渐拿出了干劲。

结果，家长们开始对各个年级要开的店铺和要表演的节目提出各种各样的意见，负责统筹的我听到了各方的抱怨。因此，我在全体会议上提出："请所有人重新想一想自己负责的工作要达到的目的，否则手段有可能会成为目的。"放到令和时代[①]，就相当于要大家回忆初心。

---

① 令和时代：2019年5月1日零时（日本东京时间），日本正式启用"令和"为年号。在日本的文化和社会中，年号被广泛使用，并且对于一些正式场合或者表达谦逊、尊敬的场合，人们会以年号来表示时间，以示对传统的尊重的态度。

**★人生很容易变得无聊**

就像用"回忆初心"把话题拉回原点一样,有人会像我一样用"总而言之""说到底"来迅速总结谈话。

这些话仿佛在说中途讨论的问题全都没有意义,这样的人生很乏味。

"喝酒是浪费时间,不喝酒是浪费人生",这是我喜欢的一句话。我一旦喝了酒,必须做的事和想做的事就都做不了,以至于无论多么天马行空的话题都能听下去。

其实我在清醒时很不擅长倾听天马行空的话。就算不得不参与的对话,本来能在一定程度上乐在其中,可是一想到之后还有必须做的事情和想做的事情在等着我,我就会踌躇,告诫自己不要参与对话。

可是有一次,我预感到用"天马行空的对话"代替"酒",我喜欢的那句话同样适用。

尽管我无法断言"天马行空的对话是浪费时间,不进行天马行空的对话是浪费生命"是否正确,但我开始觉得"不进行天马行空的对话或许是浪费生命"了。

## 第5章 不一定非要黑白分明

进行"天马行空的对话"的好处在于几乎没有什么内容会被记录下来。不需要搬出"回忆初心",用"总而言之""说到底"试图总结更是愚蠢至极。不需要集中精力,只需要随口说出脑海中冒出的话,延伸的话题就会像落在水面的雨滴一样产生涟漪。尽管内容不会被记录,可是在忙碌的一天中,短短几分钟天马行空的对话可以成为放松时间,让我们获得内心的平静。我在听到妻子和女儿的对话时深切体会到了这一点。

我在遇到喜欢说"总而言之""说到底"的人时,会笑着对他们说:"总而言之,人需要的只是吃饭、上厕所、睡觉而已,说到底大家都会死。"

→"天马行空的对话"拥有不可小视的力量。

## 听到让你不爽的话时，用一句玩笑击退

意大利文艺复兴时期的人文主义者波吉奥·布拉乔利尼的《滑稽集》中收录了一篇故事，名叫《父子抬驴》，同样收录在传入日本的《伊索寓言》中。这篇故事也出现在了日本小学德育课本中，教育大家做任何事情都会有人批评，所以不要太在意别人的意见。

下面我用我的语言介绍一下故事概要。

一对父子出门卖驴。看见这对父子牵着驴的人嘲笑他们："驴子明明可以驮东西，你们却放着不骑，真傻。"

听了路人的话，父亲让年幼的儿子骑上驴，拉着他走。

之后遇到的人讽刺地说："让健壮的孩子骑驴，却让年老的父亲走路，真是个不孝子。"

## 第5章　不一定非要黑白分明

父亲不希望儿子被当成不孝子，于是让孩子走路，自己骑上了驴。

可是看到他们的人这次却批评说："大人骑驴，让小孩子走路，这个当父亲的真过分。"

于是父亲和儿子一起骑上了驴。

看到他们的人吵嚷道："驴子太可怜了，你们这是虐待动物。"

两人没有办法，只好都下来用木棍穿过驴子的前后腿，像搬运打到的猎物一样扛着驴子走。

驴子因为痛苦而用力扭动，最终，两个人和一头驴都从桥上掉入河中淹死了。

**希望被人理解的人，总是想让更多的人对自己的想法和行为产生共鸣，但并不能如愿，并且一定会有人提出批评。**

如果对每条批评一一回应，就会变成故事中的父子。

在社交软件上，面对在你发布内容下的不友好评论同样如此。

别太着急啦

★越生气越要尝试保持幽默

为了避免被不友好的评论影响,我通过对评论进行独特的分类作为对我自己的劝诫,同样介绍给大家以供参考。

我在博客中发表"大和书房出版了《别太着急啦》"的消息时,收到的反馈有:

"自我标榜·自卖自夸类":我有不少大和书房的书。

"自我标榜·卖弄知识类":"着急"用英语表示是 hurry 和 rush 吧。

"自我标榜·发布信息类":这条消息已经登在大和书房的主页上了。

"误解·直截了当类":大和书房是1961年(昭和三十六年)创立的吧。

"误解·出乎意料类":就算出了书,卖不掉也没用……

"口出恶言·抬杠类":着急也可以吧。

"口出恶言·校对类":"着急"不标上假名很难读。

"口出恶言·代言人类":我有个朋友是编辑,他是

第5章 不一定非要黑白分明

个大酒鬼。

社交软件就是一个让所有人发表想法的地方,在意这些评论就太傻了。

**面对这些评论,我基本上只会点个赞,然后就忘在脑后了。**

如果你担心被网暴,那么为了说自己想说的话,最好将你的媒体账号设定成不接受评论。就像你想在社交软件上说出自己的想法一样,有太多的人想要通过做出奇怪的评论来展示自我。

→努力达到无论听到什么都能不放在心上的境界!

## 变成能活跃气氛的天才吧

或许因为我是僧侣,或许因为我脾气古怪,我一看到三个字的汉字词,就会不由自主地把前一个字和后两个字分开。

比如把胃溃疡读成"胃·溃疡",然后自顾自地编造故事。

"以前,有一个胆小的人,吃什么东西都小心翼翼,可是他吃过东西后还是会立刻闹肚子,为腹痛而苦恼。从那以后,胃出了问题就被称作'胃·溃疡',其实这是那个人的名字'伊·海洋'。"

另外,肠子总是绞痛的人同样是用了一个因为腹痛而苦恼的人的名字,把自己的症状称为"肠·扭转"

## 第5章　不一定非要黑白分明

（赵·念天）。因为有一个名叫"季·光中"做事只考虑自己的人，从那以后，人们就把做事以自我为中心称作"自我中心"。①

我顺势再说一个。

从前，赫族人住在一个村子里。村子四面环山，因为大山的阻隔，所以无法和其他地区的人进行交流，并且村里只有一条通往村子外面的路。村子里住着一个名叫索坎的男人，他曾经和恶魔签订了契约。只要堵住村子通往外界的唯一一条道路，恶魔就让村子继续存在下去。索坎用炸药炸毁了村子通往外界的唯一一条道路，村子就此陷入孤立。陷入孤立的村民们去不了任何地方，也无法从外界获取优秀的智慧，最终走向了灭亡。

从那以后，无处可去、没有退路的心情就叫作闭塞感，源于和恶魔签订契约的男人的名字赫·索坎。

---

① 在日语中，胃溃疡和伊海洋，肠扭转和赵念天，季光中和自我中心的读音相同。——译者注

我把这个故事讲给年轻的朋友们,他们认真地问:"住持,这是真的吗?"我的回答是:"如果是真的就会很有趣。"

如今,我和年轻朋友们的水平都提高了,只要我说:"人们听到有趣的事情会捧腹大笑对吧。那是因为很久以前,……"他们就会抢先一步:"啊,我知道。有一对兄弟或者父子,分别叫侯福和译通对吧。"

从一个词中享受成倍的快乐,这就是我取乐的方式。

**★重要的是不要把事情看得太严重**

在很久以前,有一个人叫作小吕。小吕很讨厌浪费,重视效率和性价比。他为什么会变成这样呢,很遗憾,并没有留下资料。可是有一种说法是,他曾经留下了两句话:"辛苦没关系,我希望至少能够得到相应的回报"和"不能多劳少得"。

到了后世,公司管理者和企业家等优先考虑经济利益的人大力支持他提出的理论。这种思维方式也根据他

## 第5章　不一定非要黑白分明

的名字被称为"效率"。

可是，不接受重视外表、重视结果这股风潮的人们提出批判，认为"无论多么辛苦，人类得到的最终回报都是老去和死亡""不求回报的辛劳是有意义的，将劳动视为交换利益的条件是不人道的"。当然，小吕和继承他思想的升阐吕认为："为了让人类拥有自由时间，效率和生产率是不可或缺的要素。"该主张延续至今。

很多日本人的名字由两个汉字组成，据说是因为713年（和铜六年）日本官府发布告示，要求用两个寓意吉祥的汉字给土地命名，于是土地的名字影响了人名。可是到死之前，我都会像上文中那样在玩笑中加入真实情况，讲述三个字的汉字词语的优点和缺点。

→永远带着笑容在世间遨游吧！

## 乍一看绕道的路也能通往幸福

一名20多岁的人得到了一个"魔法毛线球",拉出毛线就会失去相应的时间。年轻人想知道自己明年在做什么,到了30多岁会和什么样的伴侣一起生活,会不会有家庭,退休后过着怎样的生活……于是他一个劲儿地拉出毛线。第二天早上,警察发现了一个干瘪老人的尸体,浑身缠满了毛线。

我不记得在哪里读过这个故事,不过我很喜欢。

就算着急也无济于事,人生不要着急、不要焦虑,只要随着时间前进就好,这是我们唯一能做的事情。只要不快进人生,就能经历更多事情,并学到更多。

49岁时,我开始写能在书店里卖给大众看的书。在

## 第5章 不一定非要黑白分明

出版领域，我的书属于知识随笔，姑且算是一个末流的随笔作家。

我对各种各样的事情产生兴趣，经历曲折的过程，我终于认识了自己，从而做出了各种各样的决定，过上了舒适、清爽的生活。这些感悟集合成了一本书。

**★介绍能派上大用场的话语**

下面介绍几句能起到关键性作用，浓缩了我的感悟的话语以供参考。其中包含本书中介绍过的话语，它们都是我过上幸福人生的重要话语，请大家认真理解。

"将自己的不幸归结于他人的人，不会原谅让自己不幸的人。因为一旦原谅，他们就没办法解释自己的不幸。"——不断倾诉自己的不幸，就会陷入负面情绪旋涡，理解了这句话，你就不会被卷入他人的负面情绪旋涡。

"无论吸入任何不幸，都要呼出感谢的气息。"——要想心存感谢，唯一的方法是磨炼发现"好意"的感知力。

"由自己创造内心的晴天。"——当内心被雨水和阴云遮蔽时，只有你能决定是否参考身边人的建议，是否采纳他们的建议。大家都有创造内心晴天的力量，相信这份力量，就是真正意义上的"自信"（相信自己）。

"家庭就是纷乱复杂的线团，缠在一起就好，一旦解开，就会分崩离析。"——只要做好家庭关系就是纷乱复杂的心理准备，就不会在家中被孤立。

"不能因为不合心意就生气。"——全世界每天会发生数百件不合自己心意的事情，如果因为每件不合自己心意的事情而生气，那么一辈子都会在生气中度过。我认为这是最不幸的生活方式。

"与其被所有人喜欢，不如成为一个能够喜欢所有人的人。"——无论多么努力，你都不可能被所有人喜欢，总有人会恶语相向。不过只要自己努力，就可以喜欢上所有人。

"做原本做不到的事情叫作练习。"——能做到的事情无论做多少，都会感到放松。

"只需要在需要创作的时候回忆过去。"——感慨过去

## 第5章　不一定非要黑白分明

的美好，并为现在的悲惨叹息是无法获得幸福的。

"羡慕他人时无法获得幸福。"——羡慕他人是因为自己无法成为对方，所以羡慕无法带来幸福。幸福的人不会羡慕任何人。

朝着自己制定的目标勇往直前的人，如果能在靠近终点时绕个远路，说不定能收获更有趣、更充实的经历，以及遇到更美好的邂逅。

生活与人生不同。请大家明白，生活无法成为人生。

→过上能够享受余韵的人生吧！

## 能活到现在,你做得很好

一个去非洲旅行的人看到在马路和原野上奔跑嬉戏的孩子,对当地导游赞叹:"在大自然中成长起来的孩子果然充满活力。"

导游看着游客认真地说:"在这个国家,只有充满活力的孩子才能活下来。"

日本直到昭和时代(1926 年 12 月 25 日—1989 年 1 月 7 日)初期,情况都与这个非洲国家相似。

在我担任住持的寺庙中,根据过去的记载,5 个戒名中就有 1 个婴儿或者幼童有童男童女的位号。不仅有刚出生就夭折的婴儿,还有很多因为感冒、破伤风、食物中毒、盲肠炎等疾病早早失去生命的孩子。

## 第5章　不一定非要黑白分明

所以日本有七五三节，在3岁、5岁、7岁时庆祝幼儿健康成长为儿童，祝贺他们能活到现在。

我在听说开头那个旅行者和向导的故事时已经当了父亲。因为那个故事，我在我的3个孩子过七五三节时，能够感受到更深刻的意义。

生命的成长过程或许是身体逐渐长大、体力越来越强、身体越来越健壮的过程，但是直到去年、上个月甚至昨天还健健康康的人，因为疾病和事故突然去世的情况也绝不少见。

我和你，还有我们的父母都健康地活了下来。我们因为在医疗技术发达的时代，生活在能够享受先进医疗技术的国家，所以才能活到现在。想到这些，我就会为自己能活到现在而感到不易。

### ★奇迹般的偶然创造了现在的你

可是同样有人身体健康却无法安享天年。

日本每年大约有3万人选择结束自己的生命，与新冠疫情前参加东京马拉松的人数相当。

东京马拉松上，从第一名跑者离开起跑线到最后一名跑者离开起跑线，中间会间隔20分钟之久，可见人数之多。

据说在1个人结束自己的生命后，他身边会有8个人（按照自杀人数为3万人来算，每年会有24万人）抱憾终生，一直在想"为什么会这样……""我为什么没有发现……"另外，据说自杀的人身边也会有人模仿（亲人或者艺人自杀后出现模仿现象等）。

可见人类就算顺利长大成人，也有可能放弃自己的生命。

自杀的人中，有的人曾有在众人面前遭受谩骂、羞辱的经历。

有的人想用自己的生命作为交换，让广大民众知道那些基于自身的立场践踏他人内心的人是多么没有人性。

也有人被穷凶极恶的人伤害，怨恨深入骨髓，计划与对方同归于尽，却在最后一刻悬崖勒马，明白了如果和那样的坏人一般见识，自己会成为笑柄的道理。

也有人因为各种各样的理由想要结束自己的生命，思前想后最终改变了主意，明白了如果自己连生命都可以舍弃，还有什么东西（家人、自尊等）不能舍弃呢？

我们要明白，能活到现在很不容易，以后总会有办法，要坚持活下去。

**★供奉鲜花时，鲜花为什么总是朝着供奉者？**

在墓地或者佛龛前献花时，为什么明明要供奉的对象（亡者）在对面，花却总是朝着供奉者？

供奉鲜花有双重含义。

第一，因为花开在寒冷的时期，所以代表忍耐（修行）之心。第二，没有人看到鲜花的时候会生气，所以供奉鲜花代表温柔（慈悲）。

可是，据说对面的故人只会取走三成忍耐和温柔，剩下的七成全部返还给我们。

"或许有时耐心会耗尽，或许有时温柔之花无法盛开。

但是总有一天，心灵之花会像你供奉的鲜花一样盛开。"

鲜花朝向供奉者，表示的是对生者的支持。

为了不辜负故人的声援，让我们找到值得这份支持的生活方式吧。

→大方接受他人的支持吧！